LA TOUR EIFFEL

DE 300 MÈTRES

Érigée au Champ-de-Mars.

ÉMILE COLIN — IMPRIMERIE DE LAGNY

LA
TOUR EIFFEL
DE 300 MÈTRES
A L'EXPOSITION UNIVERSELLE DE 1889
HISTORIQUE ET DESCRIPTION

PAR

MAX DE NANSOUTY

INGÉNIEUR

Membre du Comité de la Presse à l'Exposition de 1889.

Avec un portrait de M. Eiffel,
24 figures, dont 8 hors texte, et 2 planches.

PARIS

BERNARD TIGNOL, ÉDITEUR

45, QUAI DES GRANDS-AUGUSTINS, 45

G. EIFFEL

EXPOSITION UNIVERSELLE
A
M. EIFFEL
Hommage respectueux,
MAX DE NANSOUTY
1789
1889
Composition de L. Payot.

BIOGRAPHIE

GUSTAVE EIFFEL

On a souvent dit, avec juste raison, que notre siècle, par les travaux qu'il a produits et par les progrès qu'il a réalisés, porterait, dans l'avenir, le nom de « SIÈCLE DU FER ET DE L'ACIER ». Notre grand Ingénieur français, Gustave Eiffel, en peut être considéré comme l'une des incarnations. Il a franchi rapidement, d'un pas assuré, les trois grandes étapes de la vie de ceux dont la personnalité domine celle de leurs émules : l'estime technique, la célébrité, la popularité.

Son nom est connu partout et chacun s'intéresse à sa personnalité brillante, car il a été et sera l'homme utile à ses semblables, celui que l'antiquité nommait le « PONTIFEX MAXIMUS ». Il a été et sera la main puissante qui franchit les rivières en Cochinchine et au Tonkin, domine les goufres à Garabit et surmonte les Cordillères dans l'isthme de Panama.

Gustave Eiffel est né à Dijon (Côte-d'Or) en 1832. Il sortit brillamment de l'École centrale des Arts et manufactures en 1855.

Cet Ingénieur de talent était né Ingénieur dans l'acception la plus large et la plus brillante du terme. Il ne chercha pas sa voie : il la trouva d'emblée avec la prédestination de ceux qui ont été faits pour une grande tâche à accomplir. Et s'il parcourut modestement toutes les étapes de sa carrière, ce fut en les doublant, car son tempérament d'Ingénieur était remarquable, sa jeune science sûre d'elle-même, quoique sans orgueil, son coup d'œil précis, son sang-froid au-dessus de tous les troubles et de toutes les émotions si fréquentes et si pénibles dans la belle et difficile carrière qu'il embrassait.

On procédait alors à l'exécution du grand pont de Bordeaux, qui est l'un des beaux ouvrages de nos voies ferrées françaises, et l'on y essayait, avec une certaine réserve, le système des fondations de piles de pont A L'AIR COMPRIMÉ. Le jeune Ingénieur en poussa l'application avec intrépidité et précision : il montra quel parti on pouvait en tirer au point de vue du temps et de l'économie : on lui avait présenté un principe, il en fit, par l'exemple, une doctrine féconde dont les applications, aujourd'hui, ne se comptent plus.

Après le pont de Bordeaux, M. Eiffel construisit successivement le pont de la Nive, à Bayonne, et ceux du réseau Central, à Capdenac et à Florac. Sa voie était désormais tracée : on discutait avec lui, on ne le discutait déjà plus.

En 1867, l'Exposition universelle, dont le succès est encore dans toutes les mémoires, offrit à son activité un champ nouveau. M. Krantz, commissaire général de l'Exposition universelle, Ingénieur éminent et savant de premier ordre, s'adressa à lui pour les arcs de la galerie des Machines et le chargea de vérifier expérimentalement le résultat

des calculs dont il lui avait confié l'établissement.
M. Eiffel se montra à la hauteur de l'honneur qui
lui était fait et sut s'acquitter de sa tâche de la
façon la plus large et la plus brillante. Il résuma
ses travaux dans un important mémoire où il fixa
d'une façon instructive et précise le MODULE
D'ÉLASTICITÉ DES PIÈCES COMPOSÉES : tous ceux qui
ont fait, depuis lors, de grandes charpentes, de
grands ponts, de gigantesques viaducs, se sont
servis de ce module qui est devenu classique.

En 1868, il construisit, sous la direction de
M. de Nordling, Ingénieur de la compagnie d'Or-
léans, les viaducs sur piles métalliques de la ligne
de Commentry à Gannat. Jusqu'alors, les piles de
pont, renonçant à peine à la maçonnerie, avaient
été construites exclusivement en fonte, et ces matériaux, lourds, peu élastiques, imposants mais
coûteux, présentaient bien des inconvénients dans
la pratique. M. Eiffel y introduisit hardiment le
fer, relié à la masse par une sorte de soudure
au moment de la coulée. Il donna, dès lors, de
plus en plus d'extension au fer, jusqu'à l'employer seul, ou à peu près, comme à la Tour de
300 mètres, comme dans son beau viaduc de Garabit. Suivant la marche des progrès industriels

connexes, nous le voyons, un peu plus tard, c'est-à-dire à l'heure actuelle, adopter de même l'acier, que notre métallurgie a appris à faire plus vite que l'on ne faisait jadis le fer : il introduit l'acier dans ses constructions, donne de remarquables exemples de son emploi et l'avenir seul nous dira tout le parti qu'il saura en tirer.

En dehors de la question d'emploi des procédés tels que l'AIR COMPRIMÉ, des matériaux, tels que la fonte, le FER et L'ACIER, on doit à M. Eiffel une intervention personnelle toute spéciale dans le perfectionnement des PROCÉDÉS MÉCANIQUES auxquels les Travaux publics doivent aussi une large part de leur avancement.

C'est ainsi que le LANÇAGE DES PONTS A POUTRES DROITES lui est redevable de véritables innovations.

Abandonnant les anciens errements, il adopta, pour le lançage de ces grands tabliers métalliques rigides, les LEVIERS ET CHASSIS A BASCULE de son invention qui, en favorisant la répartition exacte des charges, permirent de faire avec sécurité les lançages les plus hardis. Le premier essai fut fait en 1869, au viaduc de la Sioule. Il fut couronné de succès et bientôt renouvelé à Vianna, en Portugal,

où un tablier métallique de 563 mètres de longueur fut lancé d'une seule pièce.

Enfin au viaduc de la Tardes, près de Mont-
luçon, le tablier fut lancé A 100 MÈTRES DE HAU-
TEUR sur des piles ESPACÉES DE 104 MÈTRES D'AXE
EN AXE ; c'est la plus grande portée qui ait encore
été franchie par voie de lançage.

M. Eiffel fut le premier des ingénieurs français
qui réalisa le montage en porte à faux dans lequel
le ponton métallique reste immobile sur les appuis,
mais s'allonge progressivement par l'addition suc-
cessive de pièces qui viennent au-dessus du vide
s'accrocher aux pièces déjà mises en place.

A Cubzac, près de Bordeaux, en un point très
élargi de la rivière, 72 mètres furent vertigineu-
sement franchis par ce procédé, dans le vide,
sans échafaudages.

A Tan-An, en Cochinchine, l'espace ainsi surmonté fut de 80 mètres de portée.

Dans tous ces travaux, M. Eiffel modifiait, inno-
vait, élargissait la construction des ponts A POU-
TRES DROITES.

On reste émerveillé lorsque l'on considère ce
qu'il a su faire aussi pour LES PONTS EN ARCS et c'est
là surtout que nous voyons son génie artistique,

si brillamment français, se concilier avec les exigences matérielles du calcul et donner à ses œuvres un cachet indélébile.

Qui ne connaît maintenant, par les gravures qui l'ont popularisée, cette merveille qui se nomme LE VIADUC DE GARABIT, dans le Cantal ?

Hier encore, avant l'inauguration de la Tour de 300 mètres, c'était le chef-d'œuvre du Maître. Un arc de fer aérien, à 122 mètres de hauteur sur 165 mètres d'ouverture, franchit les goufres du torrent de la Truyère. Nos artistes ont eu l'idée de dessiner sous l'arc du viaduc de Garabit, tout d'abord les tours de Notre-Dame-de-Paris, puis de superposer par-dessus la colonne Vendôme : et le sommet de la colonne, ainsi étagée dans une œuvre de Titan, n'atteignait que tout juste à la clef de voûte du grand arc du viaduc de M. Eiffel ! Ni l'antiquité, ni les temps actuels ne présentent aucun ouvrage d'art à la fois aussi imposant et aussi gracieux ; il semble fait pour embellir le paysage au travers duquel la main de l'Ingénieur est venu le placer.

L'étude du viaduc de Garabit, sa construction, son style, auraient suffi à faire la gloire de M. Eiffel, et ce n'est là cependant qu'un des éléments de ses *travaux aussi rapidement conçus qu'exécutés.*

Il faut citer, à Porto, sur le Douro, un beau pont en arc, qui a servi de modèle au viaduc de Garabit, dont la travée centrale DE 160 MÈTRES D'OUVERTURE *et* DE 42^m,50 DE FLÈCHE, *porte les rails du chemin de fer* A 61 MÈTRES AU-DESSUS DU NIVEAU DU FLEUVE. *Il faut citer la gare de Pesth, le pont de Szegedin, la façade principale de l'Exposition de 1878 et la colossale ossature en fer de la* STATUE DE LA LIBERTÉ ÉCLAIRANT LE MONDE, *hommage de la France aux États-Unis, sur laquelle notre éminent artiste Bartholdi a jeté d'une façon si magistrale le prestige de son merveilleux talent.*

Lorsque M. R. Bischoffsheim, dans son amour éclairé de la Science, construisit son bel Observatoire de Nice, il voulut avoir une coupole de 23 mètres de diamètre et lui donner une mobilité telle que l'astronome, attaché aux mystères de l'espace, put faire tourner cette masse énorme à sa volonté, presque sans effort. C'est encore à M. Eiffel qu'il s'adressa et, après ce que nous avons dit, nous n'étonnerons personne en disant qu'il résolut le problème à l'admiration des savants et des Ingénieurs en rendant cette coupole, flottante, sur un liquide incongelable : un enfant ferait tourner cet étonnant assemblage de fer dont le poids est de plus de 100,000 kilogrammes.

Tout récemment enfin, Ferdinand de Lesseps, le « grand Français » si justement populaire, cet esprit créateur qui n'appartient à la France que pour être le précurseur et le bienfaiteur de l'Humanité, voulut franchir au moyen d'un canal à écluses la chaîne de montagnes qui sépare l'Atlantique de l'Océan Pacifique, au canal de Panama. Il fallait établir, avec des écluses d'une puissance inconnue, de 11 mètres de chute, une sorte d'escalier géant pour les plus grands navires.

M. de Lesseps trouva M. Eiffel tout prêt.

Sans hésiter M. Eiffel se mit à l'œuvre, et quand on apprit qu'il prenait cette nouvelle tâche en mains, personne ne douta plus de voir, dans le délai convenu, le pavillon d'un navire français flotter au sommet de la Cordillère des Andes.

La Tour de 300 mètres de l'Exposition universelle de 1889 est le chef-d'œuvre actuel de M. Eiffel et il l'aura accompli avec la même sûreté, la même précision, la même simplicité que les précédents.

Nous avons cru utile de faire précéder notre modeste étude sur cette grande œuvre de quelques mots sur son auteur, car chacun aime, d'instinct, à suivre dans sa carrière si bien remplie un esprit qui a agité de telles masses, soulevé de tels problèmes et surmonté de telles difficultés.

Il en reste d'ailleurs un exemple utile et une leçon féconde. Il s'en dégage cette vérité, c'est que les grandes choses se font simplement, avec la seule force de la persistance, la seule ressource de la science bien employée, et le seul levier de la volonté.

Et lorsqu'un esprit supérieur arrive au succès complet et mérité, ce qui est le cas de l'illustre et sympathique constructeur de la Tour de 300 mètres, le Monde entier lui apporte à l'envi ces trois offrandes de reconnaissance qui échappent aux violents, aux destructeurs et aux conquérants sinistres : l'estime, le respect et l'admiration !

AVANT-PROPOS

AVANT-PROPOS

Lorsque l'idée d'ouvrir au Champ-de-Mars, en 1889, une Exposition universelle, eut pris corps, il y a environ trois années, ce fut à qui, parmi les savants, les ingénieurs, les constructeurs, apporterait son idée à l'œuvre commune et patriotique. Un courant chaleureux d'émulation passa dans les cerveaux et remua les cœurs. Il s'agissait de faire quelque chose non pas seulement de grand et de beau, mais encore *de nouveau*, quelque chose qui pût frapper l'esprit et l'imagination des visiteurs, tout en marquant le progrès accompli et en conduisant à des enseignements utiles.

On ne pouvait songer à quelque palais en pierre digne des temps passés. La pierre s'élève lentement, coûteusement : et puis, le Champ-de-Mars

eut été en quelque sorte bloqué par un édifice de
ce genre : c'eût été, après un long intervalle, re-
commencer la construction d'un Palais de l'industrie. Le palais eut sans doute été beau, mais l'idée
n'eut pas été nouvelle.

Pendant que l'on cherchait ainsi quel serait l'at-
trait nouveau capable d'exciter l'attention et la
curiosité générales jusqu'aux extrémités du Monde
survint un de nos plus savants constructeurs,
déjà célèbre par la construction du fameux viaduc
de Garabit et de plusieurs autres travaux gigantesques : nous avons nommé M. Eiffel.

Avec autant de calme que de sûreté de lui-même,
il proposait tout simplement de construire une
Tour en fer de 300 mètres de hauteur au Champ-
de-Mars.

On songea tout d'abord à la Tour de Babel des
légendes et l'on parla d'impossibilité matérielle.
Une Tour de 300 mètres! quelle conception ha-
sardeuse, improbable!

M. Eiffel, qui avait déjà construit des piles de
pont, en pierre ou en fer, de 80 et 100 mètres de
hauteur au pont de Garabit et au viaduc de la
Tardes, affirmait la possibilité. Il fallut se rendre
et admettre cette possibilité.

C'est ici que deux grandes personnalités interviennent et font triompher la cause : M. Lockroy, alors Ministre du commerce et de l'industrie, M. Georges Berger, Directeur général de l'exploitation à l'Exposition de 1889. Tous deux insistèrent en faveur de cette grande tentative et la firent triompher avec une remarquable prescience du succès futur de l'Exposition de 1889. Ils en auront l'honneur comme M. Eiffel en aura la gloire.

LA TOUR EIFFEL

DE 300 MÈTRES

Érigée au Champ-de-Mars.

Les préliminaires. — La genése de la Tour de 300 mètres

Nous ne remonterons pas jusqu'à la tour de Babel noyée dans les incertitudes des légendes ; le constructeur de la Tour de 300 mètres à l'Exposition de 1889 n'y a pas cherché ses inspirations. Voici la simple vérité :

L'idée d'une tour de 300 mètres est relativement assez ancienne. En 1832, lors du vote du bill de réforme, en Angleterre, le célèbre ingénieur anglais Trevithick, esprit original et novateur, proposa d'en perpétuer la mémoire par l'érection d'une gigantesque colonne. Il s'agissait de laisser bien loin

en arrière lès obélisques d'Égypte et les colonnes
romaines, le fameux colosse de Rhodes et les colonnes qui à Paris, à Boulogne-sur-Mer, et ailleurs,
rappellent le souvenir du premier Empire. Par
lettre adressée au *Morning Herald*, le 11 juillet 1833,
Trevithick engageait les Anglais à ouvrir une
souscription nationale afin de couvrir les frais d'un
monument colossal.

Laissant de côté la pierre et n'ayant pas encore,
comme nous l'avons actuellement, le fer et l'acier
à sa disposition, l'ingénieur anglais proposait de
construire une tour en fonte ajourée de 1,000 pieds
de hauteur, — exactement $304^m,80$, — dont le
diamètre eût été de 30 mètres à la base et de $3^m,60$
au sommet. Il en avait arrêté tous les plans à la
grande joie des fondeurs du Royaume-Uni.

La construction de ce monument devait absorber
1,500 plaques de fonte de 3 mètres de côté avec un
vide circulaire au centre de $1^m,80$ de diamètre. Ces
plaques de 5 centimètres d'épaisseur devaient porter
des brides permettant de les assembler au moyen
de boulons avec des plaques de plomb interposées
pour former les joints. Chaque plaque pesant
3 tonnes, l'ensemble de la Tour eût pesé environ
6,000 tonnes. Une fondation circulaire en pierre

de 18 mètres de hauteur servait de soubassement :
à la partie supérieure, un chapiteau avec une
plate-forme de 15 mètres de diamètre devait porter
une statue allégorique de 12 mètres de hauteur.
Chose curieuse, Trevithick prévoyait déjà un ascenseur pour monter les visiteurs au sommet ; placé
dans l'axe de la colonne et mû par l'air comprimé,
cet ascenseur aurait élevé sa cabine à la vitesse de
1 mètre par seconde.

La construction du tout n'eut duré que six à huit
mois, à ce que pensait l'ingénieur Anglais, n'eut
coûté que deux millions de francs, et eût attiré de
nombreux visiteurs si l'on en juge par la foule qui
se presse constamment pour monter sur la colonne du *Monument de Londres*, à 65 mètres de hauteur et sur Saint-Paul, à 128 mètres.

Le 1ᵉʳ mars 1833, le projet fut présenté au roi
Guillaume d'Angleterre ; mais le 21 avril suivant,
Trevithick mourut. Son travail resta dans le do-
maine des conceptions non exécutées.

Au moment de l'Exposition de Philadelphie, en
1876, les Américains s'en souvinrent et une Tour
de 1,000 pieds, ou 300 mètres, y fut projetée : les
Américains, en dépit de leur instinct novateur, re-
culèrent devant le projet. Ils se contentèrent d'é-

lever le fameux obélisque de Washington, de 169 mètres de hauteur, destiné à perpétuer le souvenir de la grande lutte américaine.

C'est ainsi que l'idée resta neuve jusqu'en 1886. Alors, comme nous l'avons relaté, au moment où se prépara et se définit l'Exposition de 1889, survint M. Eiffel avec ses vaillants collaborateurs MM. Nouguier, Kœchlin, ingénieurs de sa maison et M. Sauvestre, architecte. M. Eiffel proposa la construction d'une Tour de 300 mètres ; MM. Lockroy et Georges Berger l'encouragèrent ; l'opinion publique applaudit. Le mouvement fut si complet et tellement unanime de la part de la Presse française et du public que, lors de la mise au concours des projets d'Exposition universelle pour 1889, le programme comporta, comme élément essentiel, une Tour de 300 mètres ; tous les concurrents s'y conformèrent ; la Tour Eiffel se trouvait dès lors décidée en principe.

Ce ne fut certes pas sans quelques inquiétudes de la part d'un certain nombre d'esprits craintifs, de ceux que toute innovation étonne ou effraye. Mais lorsque le succès est obtenu qu'importent les doutes, que deviennent les craintes de la première heure ! Ceux qui doutèrent alors, — la plupart d'entre eux du moins, — sont devenus maintenant de chaleureux partisans de la grande idée de M. Eiffel.

Nous n'insisterons pas davantage sur les propositions qui furent faites d'un certain nombre de projets de Tours de 300 mètres, les unes en pierre, les autres en bois, d'autres en fer et en pierre. Toutes les conceptions ont été envisagées, calculées, discutées, et l'avenir dira tout ce que la science de l'ingénieur a gagné à ces discussions utiles et savantes. Car, là est la raison, là est l'utilité et l'enseignement de la Tour Eiffel ; jamais plus vaste champ de travaux d'ingénieur, de recherches sur la résistance des matériaux, d'expériences de toute nature ne fut conçu et réalisé. Et tous ces beaux résultats sont dus à une puissante manifestation de l'initiative privée. C'est pourquoi la Tour de 300 mètres marque un énorme progrès et élargit d'une façon certaine, pour l'avenir, l'ordre des travaux puissants et utiles de l'art de l'ingénieur. On ne saurait trop se féliciter, en vérité, qu'un tel jalon ait été planté par la France sur la route du progrès de l'Humanité.

Les plus grands monuments du monde

La Tour Eiffel dominera de plus de 150 mètres les fameuses pyramides d'Égypte, œuvre orgueilleuse mais inutile des Pharaons, monuments lourds élevés par une odieuse tyrannie aux dépens de l'esclavage et de la servilité. Notre tour de 300 mètres sera, par excellence, un monument caractéristique de la Science pure, de l'art auguste et de la liberté dans le travail. Ceux qui la construisent ne sont enchaînés que par les liens sacrés du devoir professionnel et dominés que par l'amour-propre national.

Voici la liste exacte des plus grands monuments connus et qui existent actuellement :

Obélisque de Washington	169 mètres.
Cathédrale de Cologne	159 —
Cathédrale de Rouen	150 —
Grande pyramide d'Égypte	146 —
Cathédrale de Strasbourg	142 —
Cathédrale de Vienne (Autriche)	138 —
Saint-Pierre de Rome	132 —
Flèche de l'hôtel des Invalides, à Paris	105 —
Panthéon	79 —
Tours de Notre-Dame de Paris	66 —

Le fer seul permet de dépasser ces grandes hauteurs de 160 mètres et de résister à l'action du vent grâce à sa résistance jointe à une grande flexibilité. La pierre s'écraserait, se romprait ou se fissurerait. Les constructeurs de la fameuse tour de Babel durent sans doute interrompre la construction de leur œuvre précisément parce qu'à cette époque primitive on ne connaissait que la pierre, incapable, à moins d'être soutenue tout au moins par une carcasse de métal, de se prêter à ces conceptions gigantesques.

L'emplacement de la Tour Eiffel au Champ-de-Mars.

Où devait-on mettre la tour de 300 mètres dans l'enceinte de l'Exposition? Ce ne fut pas sans peine et sans avoir envisagé toutes sortes de combinaisons que nos artistes, nos architectes et nos ingénieurs tombèrent d'accord. Rien ne pouvait les guider dans ce qui avait été fait pour les Expositions antérieures et l'on ne pouvait placer à la légère en un point quelconque ce colosse de fer dont la base, à elle seule, occupe un carré de 100 sur 100 mètres, 10,000 mètres carrés, un hectare de superficie !

On songea successivement à disposer la tour au milieu du Champ-de-Mars, puis au fond, du côté de l'École militaire, mais on pensait déjà à construire sur ce dernier emplacement la grande galerie en fer de 115 mètres de portée et de plus de 40 mètres de hauteur qui est, elle aussi, une des curiosités principales de l'Exposition universelle.

On songea à édifier la tour sur la place du Trocadéro : cette combinaison, séduisante à première vue, fut reconnue bientôt impraticable : elle n'eût fait gagner à l'élévation totale du monument qu'environ vingt-cinq mètres, élévation sans importance par rapport aux trois cents mètres de tout l'ensemble. De plus, elle eût obligé à construire l'énorme masse de la Tour sur la colline du Trocadéro creusée par les anciennes carrières de Paris, ce qui eût nécessité des fondations énormes. On sait que pour construire le Palais du Trocadéro à l'époque de l'Exposition de 1878, il fallut dépenser en travaux de fondations en maçonnerie, sur cet emplacement même, des sommes considérables et exécuter une infrastructure presque aussi importante que le Palais érigé par-dessus. On renonça

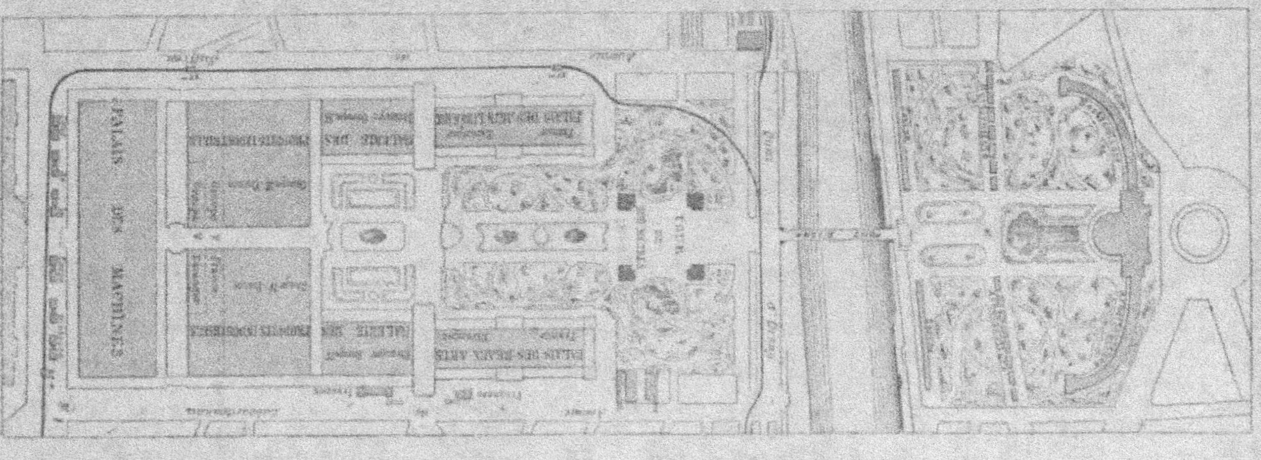

Emplacement de la Tour Eiffel au Champ de Mars.

donc, après un rapide et judicieux examen, à cette combinaison. Finalement, il fut décidé que la Tour s'élèverait au bord de la Seine, devant le pont d'Iéna, formant à l'Exposition, avec son arc en fer de près de 100 mètres d'ouverture, une entrée prestigieuse et dominant l'ensemble des constructions par sa flèche élancée à une hauteur dont les flèches les plus élevées des plus célèbres cathédrales du Monde n'atteignent pas la moitié.

Les fondations de la Tour.

L'emplacement de la Tour au bord de la Seine étant décidé, de nombreux sondages préliminaires furent tout d'abord effectués afin de se rendre un compte exact de la nature du sol en cet endroit et de son aptitude à supporter la masse de fer de la construction.

On reconnut que l'assise inférieure du sous-sol y est formée par une puissante couche d'argile plastique de 15 mètres environ d'épaisseur reposant sur la craie du bassin de Paris. Cette argile sèche, suffisamment compacte et homogène, peut supporter en toute sécurité des charges de 3 à 4 kilogr.

Le chantier de la Tour Eiffel. — Vue des massifs de fondation en maçonnerie, superposés aux caissons à air comprimé avec l'emplantation des grands ancrages métalliques dans les massifs.

par centimètre carré. Elle est légèrement inclinée depuis l'École militaire jusqu'à la Seine et surmontée d'un banc de sable et de gravier compact, comme le montre notre dessin, propre à recevoir les fondations. Jusqu'au commencement du Champ-de-Mars proprement dit, cette couche de sable et de gravier a une hauteur, à peu près constante, de 6 à 7 mètres : au delà on entre dans l'ancien lit de la Seine et l'action des eaux a réduit l'épaisseur de cette couche, qui va toujours en diminuant, pour devenir à peu près nulle quand on arrive au lit actuel de la rivière. La couche solide de sable et gravier est surmontée elle-même d'une épaisseur variable de sable fin, de sable vaseux et de remblais de toute nature incapables de supporter des fondations.

Les fondations de la Tour, telles qu'elles sont exécutées, se trouvent séparées de l'argile par une bonne épaisseur de gravier, condition excellente pour donner à une construction, aussi lourde que l'on voudra, toute stabilité et toute sécurité.

Le poids de la Tour avec tous ses accessoires, planchers, constructions, etc..., est, en effet, évalué à neuf millions de kilogrammes. Cette énorme charge est répartie sur une surface de fondations telle que la pression exercée par elle sur l'excellent sous-sol que nous venons de décrire et que montre notre dessin *ne dépasse pas 2 kilogrammes par unité de surface.* Un mur plein, en pierre meulière, *de 9 mètres de hauteur,* construit dans Paris, ne presse pas davantage sur ses fondations.

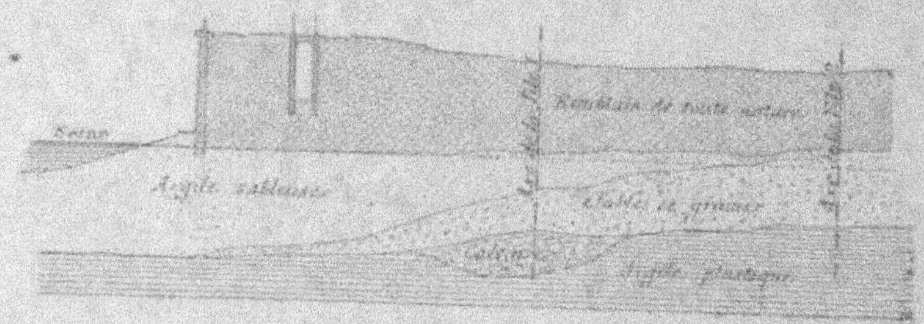

Coupe du terrain à l'emplacement de la Tour.

Le terrain étant en partie inondé et surtout inondable, en raison du voisinage de la Seine, le mode de fondation des piliers a demandé des précautions spéciales : on a dû employer à la fois le système des fondations à sec pour les deux piliers les plus éloignés de la rivière et celui des fondations par l'air comprimé pour les deux piles qui se trouvent le plus rapprochées de la Seine. Ce travail difficile fut mené à bien avec une sûreté et une précision qui, dès le début, firent bien augurer du

succès total de l'entreprise : ce fut en quelque
sorte un jeu pour le constructeur.

M. Eiffel, lui-même, en mai 1887, en donna la
description à la Société des Ingénieurs civils de
France dont il était le vice-président. Nous ferons

Emplacement des quatre piles de fondations.

à la description que ce Maître a donnée de son
travail quelques respectueux emprunts qui facili-
teront notre explication.

Nous prierons le lecteur, afin de bien suivre
notre description, de se reporter à la petite figure
ci-dessus qui montre le plan général des fondations

de la Tour et sur laquelle les piles de fondation sont repérées par les n°ˢ 1, 2, 3 et 4.

Mode de fondation.

Les deux piles d'arrière qui forment les n°ˢ 2 et 3 sont placées à cheval sur les limites de l'ancienne balustrade qui séparait le square de la Ville de Paris du Champ-de-Mars proprement dit ; le sol naturel est en ce point à la cote + 34 ; les remblais de toute nature ont une épaisseur de 7 mètres, et on rencontre à la cote + 27, qui est le niveau normal de la Seine (retenue du barrage de Suresnes), la couche de sable et gravier, dont l'épaisseur en ce point est de 6 mètres environ. On a donc pu, très facilement, obtenir pour ces deux piles une fondation parfaite, dont le massif inférieur est constitué par une couche de 2 mètres de béton de ciment coulé à l'air libre.

Les deux piles d'avant, qui portent les n°ˢ 1 et 4, ont été fondées différemment. La couche de sable et de gravier ne se rencontre qu'à la cote + 22, c'est-à-dire à 5 mètres sous l'eau, et pour y arriver, on traverse des terrains vaseux et marneux prove-

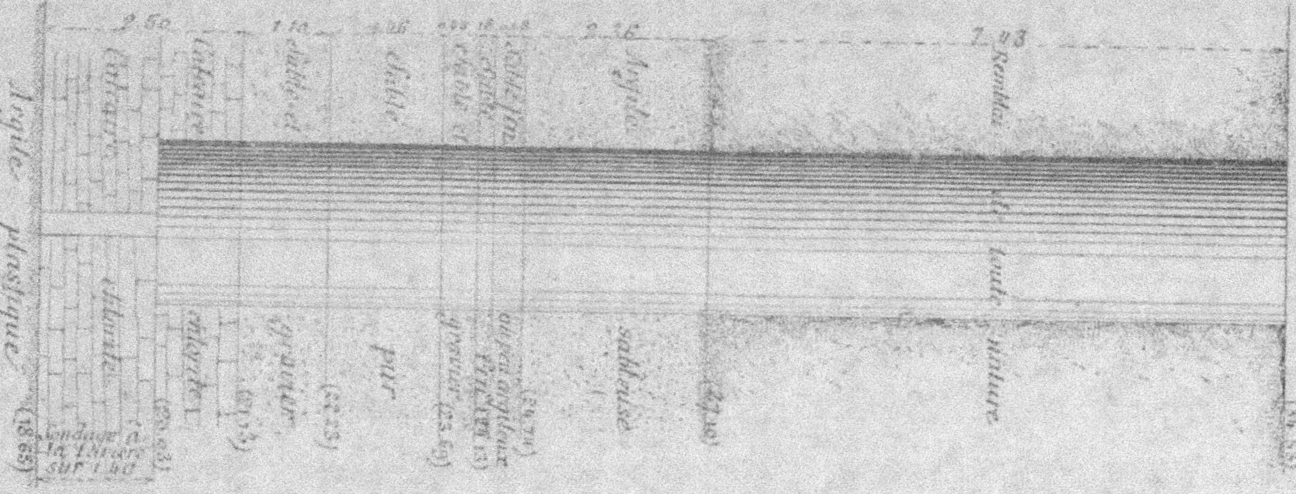

Puits de sondage foré pour reconnaître la nature de terrain sur l'emplacement des piles de la Tour Eiffel.

nant des alluvions récentes de la Seine. Pour la reconnaître d'une façon précise et exempte des incertitudes que présentent les sondages faits par les procédés ordinaires, M. Eiffel fit au centre de chacune des piles un sondage à l'air comprimé, à l'aide d'une cloche en tôle de 1^m,50 de diamètre surmontée de hausses. Ce procédé donne des résultats absolument certains sur la consistance et la composition réelle des terrains. On constata ainsi que, jusqu'à l'argile, on ne rencontrait au-dessous du sable et gravier que du sable pur, du grès ferrugineux et un banc de calcaire chlorité, qui s'est formé au fond de la dépression qui avait été creusée par les eaux dans la couche d'argile plastique. On a donc ainsi une couche incompressible qui a une épaisseur de plus de 3 mètres à la pile 4 (côté de Grenelle) et près de 6 mètres à la pile 1 (côté de Paris).

Les fondations de ces deux piles sont établies à l'air comprimé à l'aide de caissons en tôle de 15 mètres de longueur sur 6 mètres de largeur, au nombre de 4 pour chaque pile et enfoncés à la cote + 22, soit à 5 mètres sous l'eau. On peut se demander si l'on n'aurait pas pu employer un mode différent et procéder par dragage dans une enceinte

avec béton immergé; mais d'une part, malgré tous
les sondages antérieurs, on n'était pas, dans cette
partie si tourmentée du sol du Champ-de-Mars,
suffisamment sûr du terrain pour tous les points
de la surface englobée par les pieds. Il fallait donc,
dans ces circonstances, adopter une solution ré-
pondant à toutes les éventualités. D'autre part,
l'emploi de l'air comprimé présente une telle sûreté, soit comme travail, soit comme certitude du
résultat obtenu, qu'en raison de l'immense intérêt
qu'il y avait à marcher aussi rapidement que possible en se débarrassant de suite de tout aléa et à
établir des fondations ne donnant absolument aucune crainte pour l'avenir, M. Eiffel n'a pas hésité
à employer le procédé coûteux, mais sûr et rapide,
de l'air comprimé.

Massifs de fondation et murs de pourtour.

Chacun des quatre montants de la Tour est formé
par une grande ossature en fer de section carrée,
de 15 mètres de côté, dont les arêtes transmettent
les pressions au sol de fondation par l'intermédiaire
de massifs de maçonnerie placés sous chacune

d'elles. Il y a donc quatre massifs de fondation par pied de la tour. La partie supérieure de ces massifs qui reçoit les sabots d'appui est normale à la direction des arêtes et le massif lui-même a la forme d'une pyramide à face verticale sur l'avant et à face inclinée sur l'arrière dont les dimensions sont telles qu'elles ramènent dans un point très voisin du centre de la fondation la résultante oblique des pressions. Cette résultante oblique des pressions s'élève, à son entrée dans la maçonnerie, à la cote + 36, à 565 tonnes sans l'action du vent et à 875 tonnes si l'on tient compte de l'action du vent, sur le sol de fondation des deux piles voisines de la Seine (1 et 4), c'est-à-dire à la cote + 22 et à la profondeur de 14 mètres, la pression verticale sur le sol est de 3,320 tonnes, en tenant compte de l'action du vent, charge qui, répartie sur une surface de 90 mètres carrés, donne une pression de 8 k. 7 par centimètre carré.

Sur les deux piles voisines du Champ-de-Mars (2 et 3), à la cote + 27 et à la profondeur de 9 mètres, la pression sur le sol est de 1,970 tonnes qui, reparties sur 60 mètres carrés de surface, correspondent à une pression de 3 k. 3 par centimètre carré.

Les massifs de béton réalisant cette surface ont

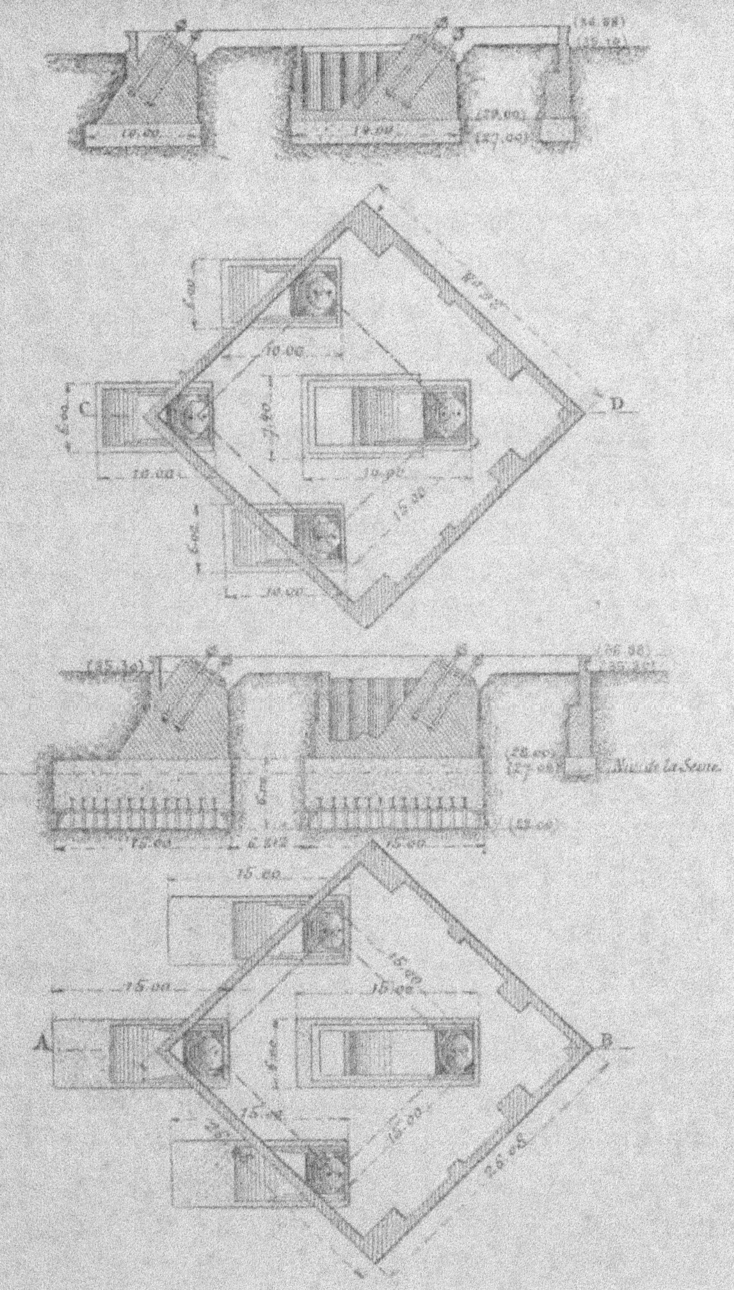

Plans et coupes des piles de fondation de la Tour Eiffel, montrant
les caissons à air comprimé, les fondations et les ancrages.

10 mètres de longueur sur 6 mètres de largeur. Ils sont exécutés en excellent ciment de Boulogne-sur-Mer, le seul qu'emploie judicieusement M. Eiffel dans ses constructions, au dosage de 300 kilogr. de ciment par mètre cube de sable, et faits en pierre de Souppes hourdée en mortier de ciment au même dosage. On voit que notre grand constructeur n'a pas ménagé la matière et que la sécurité a passé pour lui avant tout.

Au centre de chaque massif sont noyés, comme le montrent nos dessins, deux boulons d'ancrage de $7^m,80$ de longueur et de $0^m,10$ de diamètre qui, par l'intermédiaire de sabots en fonte et de fers à té intéressent la majeure partie des maçonneries des massifs. Cet ancrage n'est pas nécessaire pour la stabilité de la tour que son poids propre seul ferait résister à tous les glissements et à tous les arrachements : mais il sert, en même temps, pour *le montage en porte à faux* des montants.

Les maçonneries, qui travaillent au plus à un coefficient de 4 à 5 kilogr. par cent. carré, sont couronnées par deux assises de pierre de taille de Château-Landon dont la résistance à l'écrasement est, d'après les expériences demandées à

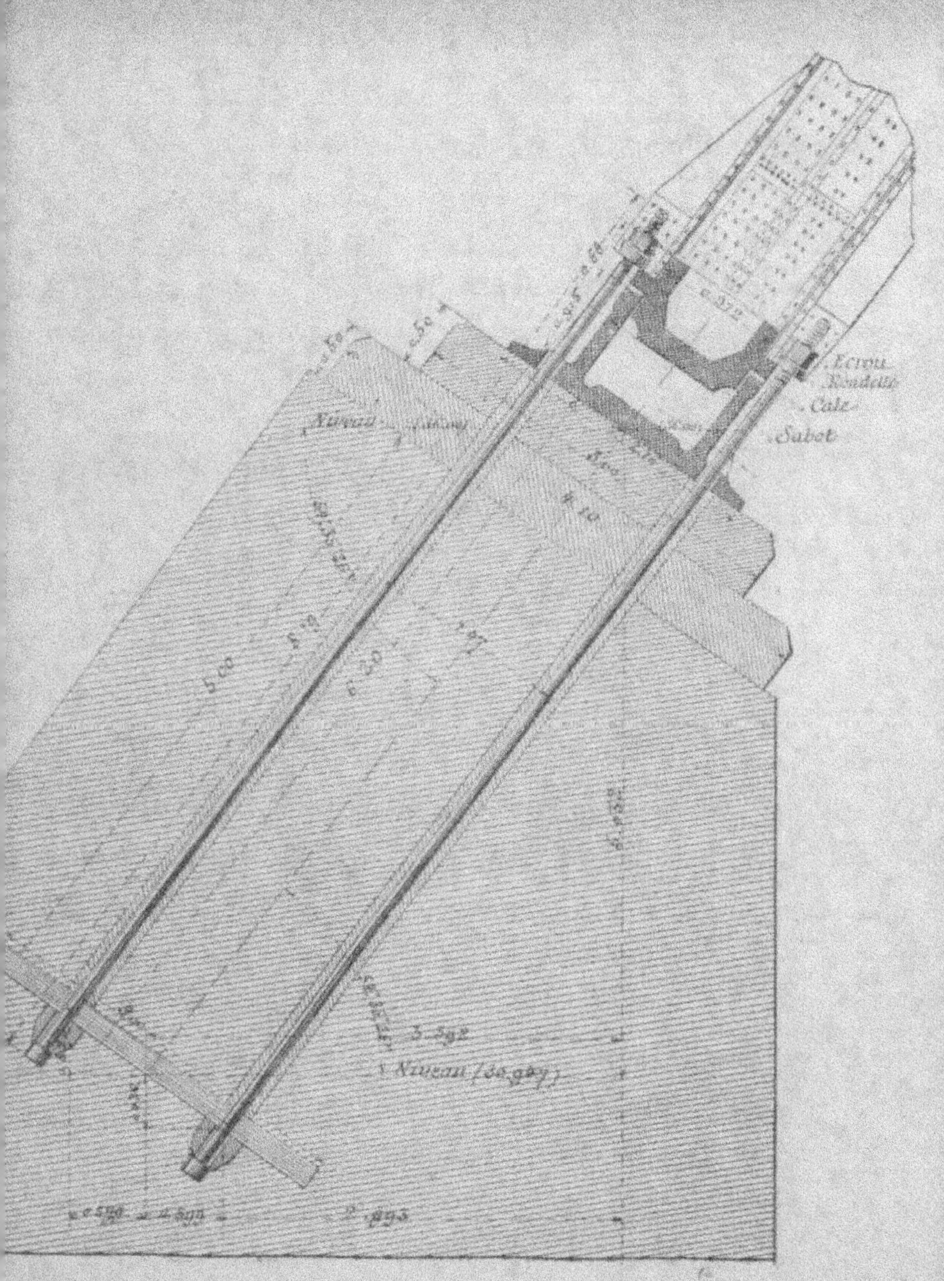

Ancrage de la Tour Eiffel dans ses fondations. Détail des vérins avec sabots et cales permettant de rectifier exactement l'assemblage des montants de la Tour.

l'École des Ponts et Chaussées et au Conservatoire des Arts et Métiers, est de 1,235 kilogr. en moyenne par centimètre carré. La pression, sous les sabots en fonte, n'est que de 30 kilogr. par centimètre carré. La pierre ne travaille donc qu'*au quarantième* de sa résistance.

Il résulte de tous les chiffres et indications qui précédent que ces fondations sont établies dans des conditions de sécurité très grandes, et que, soit comme choix de matériaux, soit comme dimensions, elles ont été traitées très largement, de manière à ne laisser aucun doute sur leur solidité.

Cependant M. Eiffel a prévu, dès le début, la possibilité d'avoir à maintenir les pieds de la Tour sur un plan parfaitement horizontal. A cet effet, dans chacun des sabots fut logée une *presse hydraulique* ou *verrin* de la force de 800 tonnes, permettant à un moment quelconque de produire le déplacement de chacune des arêtes et de la relever de la quantité nécessaire, sauf à intercaler des coins en acier entre la partie inférieure du *sabot* et la partie inférieure du *contre-sabot*. Ces presses, sortes de *vis de réglage* gigantesques, n'ont que peu servi au cours de la construction tant elle était menée avec sûreté et précision

Vue des chantiers au moment du remplissage des caissons fondés à l'air comprimé.

N'est-il pas merveilleux cependant de voir nos constructeurs régler ainsi le niveau de ces énormes montants en fer qui s'élancent à 80 mètres de haut, obliquement, dans l'espace, avec autant de facilité qu'un arpenteur soigneux mettant au point, d'une main délicate, les supports de son instrument de précision ?

Les caissons à air comprimé qui ont servi à l'établissement des massifs de fondation de la Tour Eiffel n'offrent rien de bien particulier : ce sont des caissons en tôle remplis de béton et s'enfonçant à 5 mètres au-dessous du niveau le plus haut que les eaux d'infiltration de la Seine puissent atteindre. Leur section horizontale est de 15 mètres sur 6 mètres et ils sont, comme le montre notre dessin, solidement entretoisés et arc-boutés par des poutres en fer.

On sait que l'emploi de ces appareils à air comprimé à l'intérieur desquels la pression de l'air refoulé permet de travailler à sec est universellement adopté aujourd'hui pour tous les travaux de fondations inondables, ponts, viaducs et même bâtiments quelconques. Les Magasins du Printemps à Paris sont ainsi établis sur des caissons enfoncés à l'air comprimé. Le pont de Brooklyn, à New-

York, le plus grand pont suspendu du monde, le pont du Forth, en Écosse, sont fondés de même. M. Hersent, notre grand entrepreneur, en fait un emploi constant. Il est intéressant de rappeler que M. Eiffel, au début de sa carrière, contribua par des perfectionnements sérieux à introduire dans la pratique ce moyen puissant de construction. L'un des premiers il l'appliqua en grand avec succès au pont métallique de Bordeaux, de la direction des travaux duquel il fut chargé, presque à sa sortie de l'École centrale, en 1855.

Nous aurons terminé ce qui concerne les fondations en donnant quelques détails sur ce qu'elles sont destinées à contenir et sur les parties apparentes au-dessus du sol qui, après l'arrasement définitif, continueront à émerger et à constituer la base du monument.

En dehors des massifs de fondation existe un socle en maçonnerie qui ne porte aucune charge, mais qui est destiné à recevoir les amortissements des moulures en métal qui doivent garnir le pied des montants.

Ces murs sont fondés sur des piliers avec arcades, disposés suivant des faces parallèles ou perpendiculaires à l'axe du Champ-de-Mars, et forment autour de chaque pied, un carré de 26 mètres de côté.

Toute cette infrastructure est noyée dans un remblai arrasé au niveau du sol, sauf pour la pile n° 3, où elle reste à l'état de cave destinée au logement des machines et de leurs générateurs et pour le service des ascenseurs; ces machines sont prévues pour une force de 500 chevaux.

L'écoulement de l'électricité atmosphérique dans le sol se fera pour chaque pile par deux tuyaux de conduite en fonte de 0^m,50 de diamètre, immergés, au-dessous du niveau de la nappe aquifère, sur une longueur de 18 mètres. Ces tuyaux se retournent verticalement à leur extrémité jusqu'au niveau du sol où ils sont mis en communication directe avec la partie métallique de la Tour (1).

Des appareils spéciaux très curieux permettront à chaque instant d'étudier l'état de l'électricité atmosphérique et de vérifier la bonne conservation des paratonnerres de la Tour. On ne peut avoir aucune crainte de la foudre, d'ailleurs, avec une construction en fer parfaitement reliée au sol dans toutes ses parties et offrant une section d'écoule-

(1) Voir l'annexe A, à la fin du volume. — *Précautions à prendre pour protéger la tour contre les accidents de foudre.*

ment énorme aux flux atmosphériques les plus
puissants. Pendant l'été très orageux de 1888 alors
que l'atmosphère était tout particulièrement ora-
geuse dans la région de Paris et que la foudre tom-
bait fréquemment sur les bâtiments de la capitale,
jamais la Tour, alors en construction, et offrant
déjà une masse métallique considérable, n'a été
frappée.

La superstructure de la Tour

Nous sommes arrivés au niveau du sol; les caissons
sont prêts, remplis, maçonnés; le socle en pierre est
établi. Ainsi que le montrent nos dessins, la Tour
va s'élancer hardiment, en porte à faux, dans l'espace, jusqu'à son premier étage où elle trouvera
en quelque sorte un nouveau sol pour s'élancer
plus haut.

Comme l'indique le dessin général du monument, la Tour de 300 mètres se divise en trois parties; le premier étage est formé par une sorte de
tronc de pyramide quadrangulaire dont les arêtes
prennent leur point d'appui sur la base supérieure,
car les grands arcs cintrés de la construction jouent

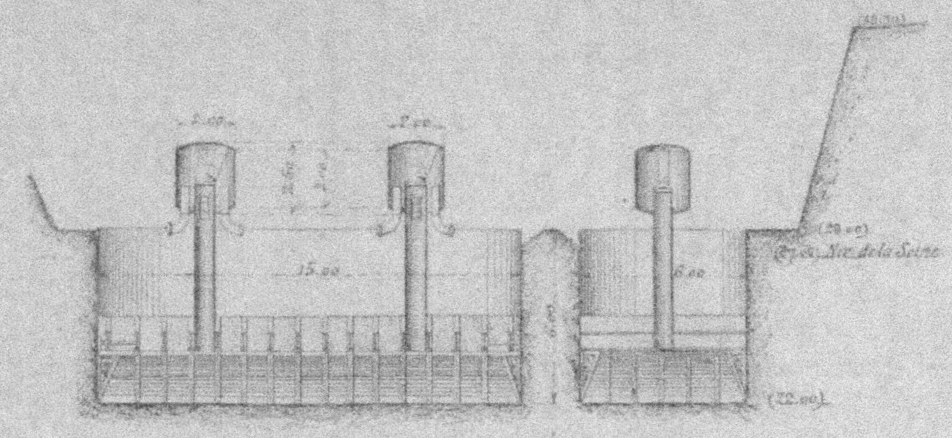

Caisson métallique à air comprimé des fondations de piles 1 et 4 de la Tour Eiffel. — Coupes verticales. — Sas pour l'entrée et la sortie des ouvriers, des matériaux et des déblais.

un rôle purement décoratif et ornemental ; ils sont suspendus au squelette de fer du monument et ne le supportent pas.

Puis, vient un second tronçon à arêtes curvilignes qui prolongent, pour l'œil, les quatre piles tout en possédant elles-mêmes une stabilité propre. Enfin, de la hauteur de 115 mètres au sommet vient une membrure unique aboutissant au campanile final où sera placé un observatoire de météorologie et de physique du globe d'une utilité toute particulière.

Notre dessin montre l'élévation et le plan du squelette de la première partie de la Tour jusqu'à la hauteur de 56 mètres, hauteur à laquelle l'établissement d'un plancher solide formé de poutres en fer et de matériaux céramiques creux très légers a permis de retrouver une nouvelle base solide et de continuer la construction avec autant de tranquillité que si le sol se fut trouvé remonté à cette hauteur.

Au centre de ce quadrilatère en métal, du pourtour duquel on découvre déjà un magnifique panorama, se trouve un véritable gouffre au fond duquel, au niveau du Champ-de-Mars, on apercevra une belle fontaine monumentale. L'impression de

Montage de la Tour. — Les travaux au mois d'août 1887.

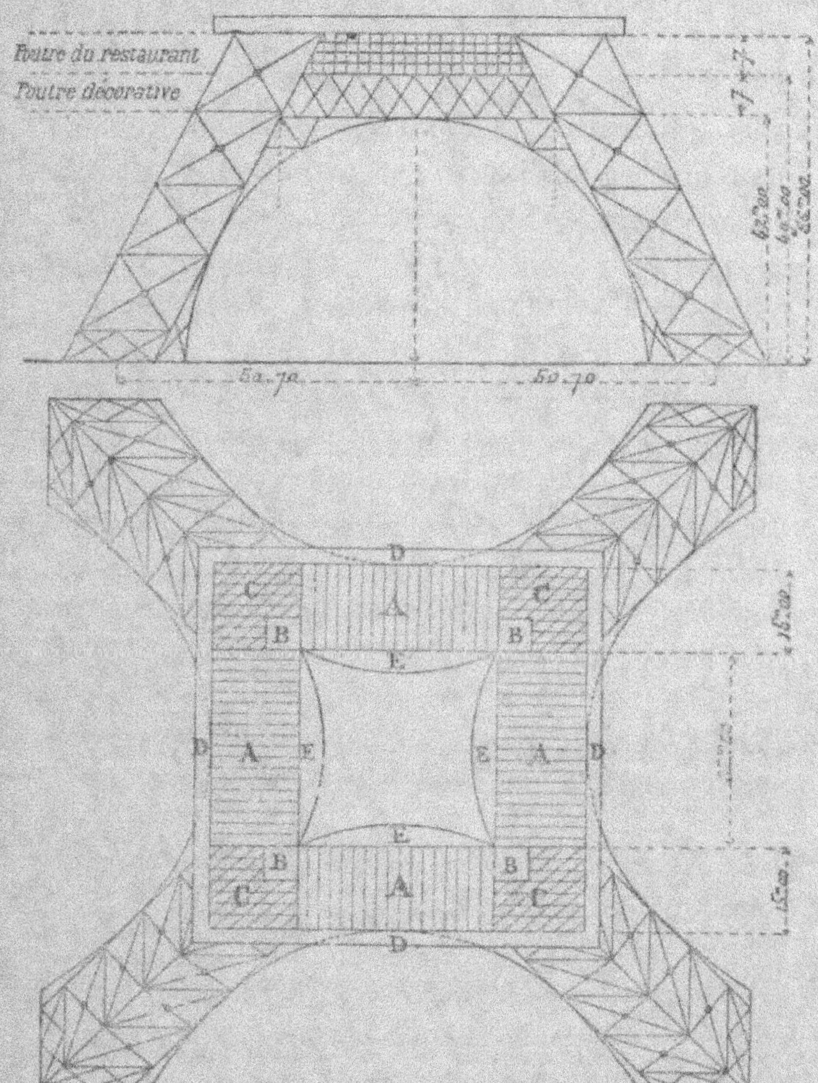

Figure schématique montrant la base et l'ossature de la Tour Eiffel jusqu'à son premier étage.

Légende : A, Salles du restaurant; B, Vestibule des ascenseurs; C, Pièces diverses; D, Balcon extérieur de 3 mètres; E, Balcons intérieurs.

ce gouffre est émouvante et curieuse : le général de Nansouty, après l'avoir visité, nous disait n'avoir trouvé d'impression comparable que dans les ravins à pic des Alpes et dans ceux qui entourent l'Observatoire national du Pic-du-Midi. Pendant le cours de l'Exposition de 1889 et dans la suite, les visiteurs pourront donc avec autant de facilité que d'agrément se donner le plaisir d'affronter... des yeux tout au moins, les escarpements imposants dont la vue était jusqu'ici réservée aux savants audacieux et aux alpinistes intrépides à la recherche des émotions grandioses de la nature.

Montage de la Tour

La Tour se compose uniquement, comme les grandes piles de pont auxquelles M. Eiffel a donné la consécration dans l'exécution du viaduc de Garabit, de treillis en fer cornières très résistants, très élastiques et très légers, assemblés par des goussets en fer rivés. C'est ce qui lui donne cet aspect aérien, comparable à une dentelle de métal, aspect devant lequel ceux-mêmes qui avaient douté de la beauté de l'œuvre à l'origine sont contraints de rester émus et pensifs.

La difficulté principale du montage résidait dans le départ à la base des arbalétriers ; il fallait les diriger dans l'espace et cela, dans une position inclinée, en *porte-à-faux* suivant l'expression technique consacrée.

L'œuvre était d'autant plus épineuse que notre grand constructeur et ses vaillants auxiliaires n'avaient encore rien fait de pareil jusqu'à ce jour, eux qui ont cependant fait, ou qui connaissent tout ce que l'on a exécuté de plus hardi comme échafaudage, comme montage, comme construction, dans toutes les parties du Monde.

Ils ont eu recours tout d'abord à des échafaudages en bois *qu'ils ont exécutés eux-mêmes* et voici comment :

Ils ont construit une *maquette* en bois de l'une des piles comme font les machinistes des théâtres lorsqu'ils ont à combiner quelque grand décor nouveau et ils ont étudié en petit les moyens de soutenir cette masse en lui offrant, dans son essor, de légers points d'appui sur des *chèvres* ou *pylones* en charpente. Le calcul — car nos constructeurs calculent tout — a montré que ces premiers points

d'appui n'étaient nécessaires qu'à la hauteur de
26 mètres. Lors donc que les arbalétriers en fer sont
arrivés à la hauteur de 26 mètres ils y ont trouvé
tout prêt l'appui des chèvres que l'on avait construites sans interrompre le travail. Ces chèvres ou
pylones étaient surmontés par des *boîtes à sable*,
sur lesquelles devait venir s'appuyer la membrure
en fer.

A partir de 26 mètres, le *centre de gravité* de
l'ensemble déjà construit commençait à se proje-
ter verticalement en dehors du carré de base.
Mais les chèvres les soutenant, on a pu pousser au
delà, dans une nouvelle position de porte-à-faux
jusqu'au moment où les arbalétriers ont pu
prendre leur point d'appui supérieur et venir reposer contre les poutres horizontales du premier
étage, sorte de pont vertigineux jeté à 48 mètres de
hauteur sur une portée de 42 mètres.

Les poutres portant ce plancher, sur un quadrilatère de 42 mètres, ne pouvaient être lancées dans
l'espace, puisque l'on n'avait de point d'appui ni à
droite ni à gauche de la construction en dehors
des arbalétriers placés eux-mêmes en porte-à-faux
et raidis par leurs seuls assemblages. On construisit
donc au milieu de l'ouvrage un autre grand pylone

carré en charpente de 15 mètres de hauteur comme
le montre notre dessin : il y en avait quatre, un

Maquette représentant le système de montage de la Tour.

sur chaque face. C'est sur eux que les grandes
poutres ont été établies, reliant les quatre faces

inclinées et réalisant la partie la plus difficile de l'ouvrage. Notre dessin linéaire montre le détail de cette construction : le suivant, établi d'après une photographie, montre exactement comment les choses se sont passées dans la réalité, conformément au programme adopté par nos ingénieurs.

La grosse difficulté était d'assurer la coïncidence exacte et parfaite des points d'appui des arbalétriers sur les poutres horizontales qui devaient réunir leurs sommets. Il est évident que si l'on ne pouvait être complètement certain, malgré toute la perfection du sondage et toutes les précautions prises, que les sommets occuperaient les points rigoureux de l'espace où ils devaient faire la rencontre des poutres : le tassement seul des échafaudages des pylônes suffisait pour introduire une grave cause d'erreur. Aussi l'on commença par établir les piles avec une inclinaison plus rapprochée de la verticale qu'elle ne devait être en réalité, de manière à laisser des jeux de cinq à six centimètres entre ces sommets et les poutres. On se servit pour cela de verrins de 800 tonnes dont nous avons parlé plus haut et on cala dans la position convenable avec leur aide sur les boîtes à sable des pylônes, chacun de ces arbalétriers, dès qu'il fut arrivé à leur hauteur.

Montage de la Tour. — Vue des travaux au mois de décembre 1887.

On acheva ensuite leur montage qui réalisa à peu près les écartements avec le jeu prévu. Pour le faire ensuite disparaître, on fit écouler une certaine quantité de sable des boîtes qui le contenaient, de manière à provoquer un pivotement général de la pile et l'on suivit le mouvement à la partie inférieure en la relevant légèrement à l'aide des verrins ; en faisant pivoter chacune des piles tantôt autour d'une diagonale, tantôt autour d'une autre, on provoquait un mouvement d'ensemble qui rapprochait progressivement les piles mobiles des poutres qui restaient fixes et on put ainsi amener une coïncidence complète et rigoureuse des pièces à assembler ; on réussit assez complètement cette opération délicate pour que les trous des grands goussets de liaison, lesquels trous étaient au nombre de cent environ, fussent en coïncidence absolue sans nécessiter aucun alésage pour effectuer la rivure qui opère leur liaison définitive. Ce fut là certainement, par la grandeur des masses mises en mouvement et obéissant avec la plus grande facilité à la volonté des ingénieurs, l'une des phases les plus imposantes de ce montage.

Il est permis de se demander comment, au cours de ce montage, si nouveau dans toutes ses parties, et à des hauteurs quelconques dans l'espace, on pouvait vérifier, pour ainsi dire, à chaque instant les écartements, et marcher avec sécurité à la rencontre des masses projetées dans l'espace. Voici comment on y procède.

A un montant fixe enfoncé au bas de la construction, dans le sol, était attaché un fil en acier horizontal de convenable longueur. L'autre extrémité du fil, passant sur une poulie, portait un contre-poids tendeur. On repérait sur ce fil deux points distants horizontalement d'une longueur déterminée par une mesure rigoureuse de sa projection : puis, sans changer le système, on le transportait, semblable et identique à lui-même, à la hauteur atteinte par la construction : la coïncidence exacte des deux points de repère prouvait que l'on était en bonne voie. Ces vérifications se faisaient continuellement non seulement sur chacun des côtés, mais encore sur chacune des diagonales et permirent de marcher avec tranquillité et certitude.

Les grues de montage.

Jusqu'à quelques mètres d'élévation il fut possible et aisé de monter les fers des arbalétriers les uns sur les autres, mais, bientôt des appareils de levage spéciaux devinrent nécessaires pour apporter aux mains des ouvriers, juchés dans la membrure comme des marins dans leurs cordages, les grosses pièces de fer qui devaient se juxtaposer pour aller plus haut, toujours plus haut! Il fallut encore inventer et inventer rapidement, et combiner de toutes pièces des appareils de levage, des *grues*, qui grimpant le long des ferrures comme autant d'équipes de travailleurs mécaniques, fourniraient à l'activité des équipes humaines la matière première, incessamment fixée à celle déjà érigée.

On a dit bien souvent avec raison que sur les grands chantiers il ne faut considérer aucune difficulté nouvelle comme insurmontable et que l'ingéniosité humaine, excitée par l'inconnu, se décuple pour imaginer les moyens d'exécution qui lui manquent et que l'on ne connaissait pas la veille. Tel est le cas pour le montage de la Tour de 300 mètres; une fois de plus, sur le programme qui lui fut savamment tracé par M. Eiffel, un de nos ingénieurs civils distingués, M. Guyenet, combina et fit exécuter en quelques semaines la grue de montage qui manquait à la Tour Eiffel.

Le principe de cet appareil est d'une remarquable simplicité. Le problème se posait ainsi :

Trouver un appareil puissant pouvant s'élever d'une façon continue au fur et à mesure de l'avancement du travail et ne prenant d'appui que sur les pièces utiles qu'il aurait lui-même mises en place

Il fut résolu de la manière suivante :

Une grue à pivot est maintenue dans un bâti en forme de pyramide triangulaire renversée : le pivot est placé dans l'axe de cette pyramide et la crapaudine en occupe le sommet ; la base de la pyramide constitue la plate-forme de manœuvre et l'un des côtés de cette base s'articule sur un châssis formé de deux traverses et de deux longerons.

Ce châssis supporte le poids de tout l'appareil sur les pièces formant le chemin des ascenseurs.

En effet, dans l'angle de chaque pilier de la Tour, vers l'intérieur et parallèlement à l'arbalétrier qui passe au sommet de cet angle, sont disposées deux poutrelles formant le chemin des cabines ou wagons des ascenseurs ; la semelle supérieure de ces poutrelles est percée de trous équidistants ; des trous disposés d'une façon semblable existent dans les longerons du châssis qui porte la grue, ce qui permet de les boulonner ensemble et

Construction de la partie de la Tour située entre le 1er et le 2e étage.

de fixer invariablement tout l'appareil de la grue, de manière qu'elle puisse prendre et mettre en place jusqu'à une certaine hauteur toutes les pièces qui l'environnent.

Les pièces étant assemblées et rivées, il faut élever la grue à son tour. Voici comment on procède.

Une forte poutre en fer, traversée en son milieu par une longue vis de rappel, est boulonnée horizontalement par ses extrémités sur le chemin des ascenseurs, à 2^m50 environ en avant du châssis de la grue. La vis est elle-même reliée au bâti de la grue, de sorte qu'en enlevant, au préalable, les boulons qui attachent les longerons du châssis, et en agissant sur l'écrou de la vis on obtient la marche ascensionnelle de la grue. Quand le châssis s'est élevé de toute la hauteur qui correspond à la partie filetée de la vis, on le boulonne de nouveau sur les poutrelles du chemin des ascenseurs.

Pour continuer la marche ascensionnelle de la grue par une nouvelle course, on déboulonne la traverse supérieure et la traverse restant fixe, on peut tourner la vis, c'est alors la traverse qui monte et quand la vis est à fin de course, on reboulonne la traverse; on rend libre le châssis par l'enlèvement des boulons qui le fixent sur les poutres de l'ascenseur, et on procède à une nouvelle montée de la grue.

Après un certain nombre de ces manœuvres successives, la grue est arrivée à sa position définitive, et le levage recommence.

Deux vérins de sûreté placés à la partie inférieure du châssis accompagnent la grue en cas de rupture de la vis principale.

Il y a encore dans cette grue une particularité à signaler, c'est le mécanisme par lequel sa portée est rendue variable.

Les tirants de la volée viennent se fixer sur un essieu muni de galets qui se meut verticalement sur le pivot par l'intermédiaire d'une vis et d'un écrou; on peut aussi faire varier la hauteur du point d'attache des tirants et par suite la portée de la grue.

Ce mécanisme très simple fonctionnait admirablement et permettait de faire varier sous charge la portée dans des limites de 12 mètres à 3 mètres.

Le pivot est d'ailleurs mobile et peut tourner dans une crapaudine, de façon à orienter la volée dans tous les azimuts : la portée allant jusqu'à 12 mètres, tous les points de la pile peuvent être

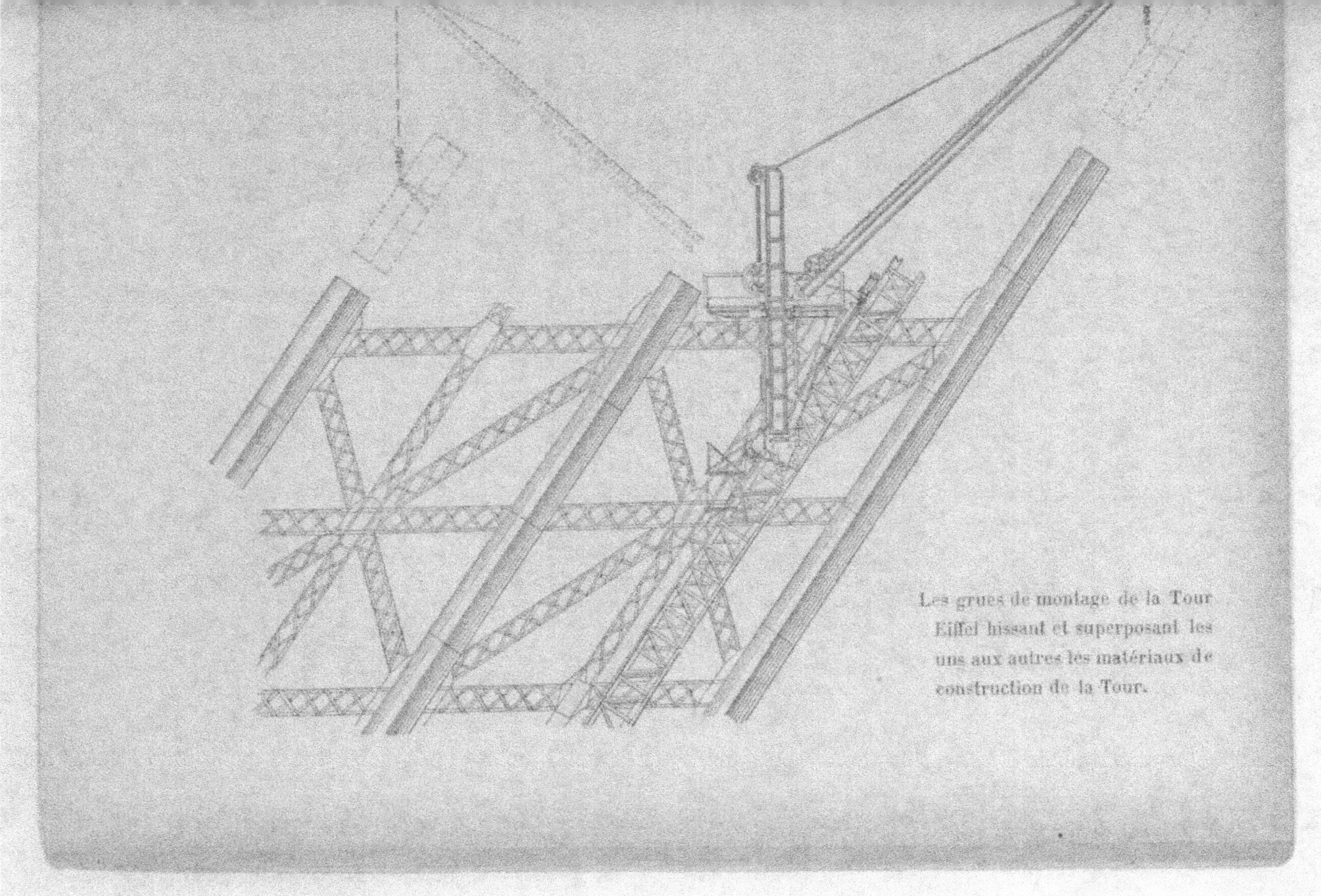

Les grues de montage de la Tour Eiffel hissant et superposant les uns aux autres les matériaux de construction de la Tour.

facilement desservis. Il est en outre susceptible d'un second mouvement autour d'un axe horizontal, qui permet de lui assurer une verticalité constante, quelle que soit l'inclinaison du chemin sur lequel se meut le châssis; il suffit pour cela de manœuvrer une vis fixée au bâti et qui commande un écrou monté dans la crapaudine.

La manœuvre du levage est dès lors facile à comprendre sans y insister davantage; nous mentionnerons cependant le crochet de suspension muni d'une vis à main, grâce à laquelle on peut régler pour ainsi dire mathématiquement la pose des pièces prêtes à être rivées.

Quatre appareils de ce genre ont fonctionné avec une précision parfaite sur les quatre piles de la Tour jusqu'à la hauteur de 150 mètres, à partir de laquelle la surface du chantier étant très réduite, les matériaux pouvaient se monter dans l'air par les procédés ordinaires. Chacun d'eux pesant 12,000 kilogrammes pouvait enlever aisément une charge de 3,000 kilogrammes.

C'était un spectacle aussi curieux qu'intéressant de voir ces quatre appareils de levage grimper en quelque sorte, en se faufilant après les arbalétriers en fer, tourner à droite, à gauche, en dedans, en

dehors, puisant au bas les grosses pièces de métal
que l'on voyait s'évanouir dans l'espace pour aller
se fixer chacune à la place qu'elle devait occuper.

Notre dessin montre avec quelque détail la disposition de ces appareils qui, créés pour les besoins
de cette cause spéciale, rendront sans doute, par
la suite, sur d'autres chantiers, des services analogues soit pour monter les piles des ponts, soit
pour monter les grands arcs tubulaires. Le maté-
riel des Travaux publics s'est évidemment enrichi,
au cas particulier, d'un dispositif nouveau fort ingénieux, et, en pareille matière, aucune innovation
ne va sans amener des conséquences utiles et bien-
faisantes.

La locomobile de montage. — Le montage
du deuxième étage.

Aussitôt que le plancher du premier étage a été
établi, un moyen de levage et de montage nouveau
est venu s'ajouter à celui que nous venons de
décrire. Une locomobile de 12 chevaux-vapeur de
puissance fut établie sur le plancher ainsi qu'une
voie ferrée circulaire sur laquelle roulaient des

wagonnets. La locomobile actionnait une grue dont la volée plongeant au-dessus du groupe central puisait à terre les matériaux et les apportait aux wagonnets : ceux-ci, chargés directement, roulaient sur leur voie ferrée, allant d'un arbalétrier à l'autre et fournissant leur alimentation aux grues de montage amenées à la seconde partie de la Tour et y fonctionnant comme nous l'avons précédemment indiqué. La rapidité de manœuvre était de cette façon singulièrement facilitée, et c'est ainsi que, le 14 juillet 1888, le feu d'artifice de la Fête nationale put être tiré, comme l'avait promis M. Eiffel, sur la deuxième plate-forme de la Tour, à 115 mètres de hauteur au-dessus du sol.

Notre dessin, exécuté d'après une photographie, montre cette deuxième partie du travail en cours d'exécution.

Le dessin suivant montre la Tour de 300 mètres parvenue à son second étage et commençant déjà à recevoir son ornementation.

Cette ornementation consiste principalement dans les grands arcs ouvragés, des écussons et des encorbellements très gracieux étudiés par M. Sauvestre, l'habile architecte de la Tour de 300 mètres.

Les locaux du premier et du deuxième étage se-

Les travaux de la Tour Eiffel au-delà du 2ᵉ étage

ront consacrés à des restaurants et à des établissements de plaisirs variés desquels on aura l'avantage au moyen de lunettes d'approche, de télescopes et même de simples jumelles d'une bonne portée, d'apercevoir le plus beau et le plus intéressant paysage du monde.

Au bas de la Tour, on verra l'Exposition universelle avec ses dômes, ses drapeaux, son animation joyeuse, ses visiteurs de tous les pays allant, venant, foule bigarrée et vivante.

Au fond du tableau, vers l'École militaire, la colossale galerie de 115 mètres, construite par M. Contanin, une merveille! Puis, le cours de la Seine, Paris avec ses chemins de fer, ses tramways; au delà, les collines du département de la Seine, ses villas, ses châteaux, ses villages coquets. Au delà encore, sur 150 kilomètres d'étendue, pour le visiteur qui sera monté jusqu'en haut, une bonne partie de notre belle France à travers laquelle il pourra voyager plus vite qu'en train express, à grands coups de télescopes !

La Tour sera peinte d'une couleur chaude et dorée allant en se dégradant de la base au sommet.

Sur la grande frise qui couronne le premier étage seront inscrits les noms des savants ou ingénieurs français du siècle, qui ont le plus contribué aux progrès des sciences. C'est en quelque sorte sous leur invocation que ce monument est placé, et le constructeur a voulu, à la place d'honneur, inscrire leurs noms en lettres d'or comme un témoignage de la reconnaissance publique et comme un éclatant hommage rendu à leurs efforts sans lesquels une pareille entreprise n'aurait pu être tentée.

Les procédés de montage français et étrangers comparés

On nous saura gré, après avoir montré toute la précision et la rapidité avec laquelle l'œuvre de M. Eiffel a été exécutée, d'entrer dans quelques détails sur la comparaison de ses remarquables procédés pratiques avec ceux qui sont usités à l'étranger pour les grands travaux analogues.

Deux chantiers gigantesques se trouvent précisément en présence, ce sont : le pont du Forth, en Écosse ; la Tour Eiffel, en France.

Le pont du Forth est un gigantesque ouvrage métallique lancé au-dessus du Firth of Forth, en Écosse, un peu au nord d'Édimbourg, sur une lon-

gueur de 1,450 mètres avec deux travées de 500
mètres de portée, celles qui seraient nécessaires
pour l'établissement d'un pont sur la Manche entre
la France et l'Angleterre, par exemple.

Cette masse métallique est rivée sur place dans
des conditions analogues à celles qui président à
la construction de la Tour de 300 mètres au Champ-
de-Mars. Tout ce que les constructeurs anglais et
américains connaissent de plus perfectionné y est
mis en œuvre. Nous ne croyons pouvoir mieux
faire pour mettre en comparaison les procédés
usités de faire un bref parallèle entre ces deux
ouvrages remarquables de notre époque.

La Tour Eiffel, en dehors du rôle énorme qu'elle
joue comme partie intégrante de la plus grande
Exposition du siècle, n'est autre chose, en somme,
qu'une gigantesque pile de pont métallique isolée.
C'est ce qui lui a donné sa forme, et l'éminent ingénieur qui l'a conçue n'a ni voulu, ni pu, en prévoir d'autre, car cette forme était confondue, en
principe, avec la stabilité même de l'œuvre ; elle
est par suite logique et sera non seulement puissante, mais belle, précisément parce qu'elle est
logique comme construction.

Le pont du Forth et la Tour de 300 mètres ont ce

point commun de reposer sur des monolithes en pierres cimentées, à l'établissement desquels ont dû concourir simultanément les fondations à sec et les caissons à air comprimé dont nos constructeurs savent si merveilleusement se servir. La base établie et fixée au sol, chacun de ces grands ouvrages s'élance dans l'espace en montant sur lui-même, en quelque sorte, et faisant constamment servir la stabilité du travail exécuté la veille à la poursuite de celui qui sera exécuté le lendemain. Ce mode de travail est caractéristique de la précision et de l'initiative de ceux qui l'exécutent et repose forcément sur une longue expérience de la part de ceux qui le pratiquent. Il faut qu'aucun détail usuel d'exécution n'arrête l'essor de leur esprit uniquement tendu vers le but général à atteindre et vers les grands moyens d'exécution. Aussi ne voit-on pas sur ces gigantesques chantiers les équipes nombreuses et bruyantes auxquelles l'imagination prêtait à l'avance le mouvement et la vie ; les équipes sont restreintes et muettes, par suite de l'absence des faux mouvements et de la puissance des moyens mécaniques d'action employés, lesquels n'ont jamais à se développer jusqu'au point où la matière entre en rébellion et devient

Une équipe de monteurs et de riveurs travaillant au 2e étage de la Tour Eiffel.

bruyante, soit qu'elle plie, soit qu'elle se brise. Ce point est typique dans ces grands travaux et ne peut manquer de frapper l'esprit de l'observateur : plus le chantier a l'air d'être abandonné, plus il s'y fait d'ouvrage.

C'est dans le *montage* proprement dit, que nous trouvons une véritable différence de méthode et de génie entre nos constructeurs et les constructeurs anglais, ces derniers évidemment inspirés des principes hardis des « *pontifices* » du Nouveau-Monde.

Prenons la Tour de 300 mètres. Ses chantiers n'ont pas reçu les innombrables dessins ou épures exécutés au bureau des études de l'usine de Levallois où se préparait le travail. Pas d'outillage pour percer, aléser, cintrer ou rectifier sur place. Toutes les pièces du gigantesque édifice arrivaient à pied d'œuvre entièrement terminées et parfaites ; rien n'était à chercher ni à ajuster « sur le tas ». Conformément aux instructions strictes données par le grand Maître de cet ouvrage, et dont on ne s'écartait sous aucun prétexte, il n'était pas percé un seul trou de rivet dans une pièce métallique apportée au Champ-de-Mars. La pièce avait son numéro d'ordre, elle devait venir s'ajuster sur la précédente ou s'accoler à la voisine exactement, avec une précision immuable et mathématique; si les trous des rivets ne concordaient pas tout d'abord, si la pièce refusait de se prêter à l'assemblage, le chef monteur n'essayait pas de la rectifier en partant de l'idée d'une erreur survenue dans l'apprêtage, mais au contraire essayait toutes les combinaisons à l'aide desquelles finalement le montage *tel qu'il était prévu* se réalisait. Nous trouvons donc comme méthode de construction, à la Tour de 300 mètres, une préparation absolue et complète *hors du chantier* et, sur le chantier, simplement la mise en place et l'assujétissement scrupuleux des pièces les unes avec les autres.

Toute autre est la méthode, que nous pourrions appeler *méthode anglaise et américaine*, grâce à laquelle s'élève le colossal pont du Forth. Là, le chantier reçoit les épures d'assemblage en même temps que les éléments des pièces se rapportant aux grandes lignes du tracé. C'est aux monteurs de tirer parti de ces pièces seulement préparées, mais pour lesquelles une grande marge est laissée à l'ajustage et à l'appropriation sur place. Ces pièces sont donc *présentées*, à grand renfort de puissance mécanique, à la place qu'elles doivent occuper: elles y sont fréquemment retaillées et même re-

percées ; les trous de rivets peuvent être alésés si
la broche en montre l'absence de concordance ; les
goussets, les fourrures jugées nécessaires sont
tracés et découpés sur place et donnent lieu à une
initiative spéciale ainsi qu'à l'emploi d'un outillage
varié et compliqué. En résumé, les ingénieurs du
chantier au pont du Forth complètent le travail du
bureau des études et y participent ; le chantier de
la Tour Eiffel était au contraire indépendant des
travaux du bureau des études et de ses recherches.

Il serait difficile, *a priori*, de donner la palme à
tel ou tel système si l'on considère les beaux résultats obtenus de part et d'autre. Cependant il
faut constater que la méthode employée pour la
Tour de 300 mètres offre le très grand avantage de
ne rien laisser ni à l'imprévu, ni aux accidents de
chantier, ni aux incertitudes de devis et de règle-
ments de compte auxquelles conduit nécessaire-
ment un travail complété sur place avec une con-
tribution considérable d'intelligence et de main-
d'œuvre.

On n'a pas vu se développer sur les chantiers de
la Tour Eiffel les énormes et nombreuses épures
qui se déploient sur les chantiers anglais et qui
guident pas à pas le travail du monteur, obligé

sans cesse de reprendre ses distances et ses aligne-
ments, de contrôler ses cotes et parfois de les modi-
fier. C'est dans le bureau des études de la Tour
que l'on trouverait les énormes masses de dessins
qu'a nécessitées cette grande œuvre, masses si considérables que leur nombre dépassera sans doute
tout ce que la maison Eiffel a dû en établir *pour
tout l'ensemble de ses œuvres précédentes*, viaducs de
Garabit, de la Tardes, pont de Bordeaux, ponts
de Portugal, de Cochinchine, du canal de Panama, etc.... Sur tous les dessins de la Tour de
300 mètres, les dimensions et les cotes ne sont pas,
comme en Angleterre, déterminées par le procédé
si commode des épures : toutes les cotes ont été
calculées par logarithmes, à trois décimales, se con-
trôlant l'une l'autre, s'enchaînant les unes aux
autres avec des erreurs relatives et insignifiantes
qui ne peuvent dépasser le 1/10 de millimètre. C'est
donc la prévision et la sécurité dans tout ce qu'elles
ont de plus absolu, et rien, absolument rien, n'a été
laissé au hasard ni à l'inspiration des circonstances
locales.

Ce point de vue tout spécial nous a paru mériter
d'être signalé, et nous ne pouvions rencontrer de
meilleur exemple que ces deux grands travaux.

Pour peu que l'on y songe, on se rendra compte des enseignements précieux qui resteront de ces œuvres pour l'avenir. On peut dire qu'elles montreront les résultats atteints par la science de l'ingénieur et des conquêtes réalisées sur la matière par son expérience acquise.

Enseignements pratiques à tirer de la construction de la Tour Eiffel.

Nous l'avons dit tout à l'heure, en comparant la méthode de construction étrangère avec la méthode française, la Tour de 300 mètres, si l'on se reporte à la réalité des faits, à la brutalité, en quelque sorte, de la conception de l'ingénieur, n'est autre chose qu'une gigantesque *pile de pont*, la plus grande qui ait jamais été conçue, et c'est pour cela même qu'elle sera instructive, qu'elle est digne de figurer à l'entrée même de l'Exposition universelle de 1889.

Lorsque M. Eiffel eut à construire le magnifique viaduc de Garabit dans la Lozère, sur la ligne de Marvejols à Neussargues, qui est un de ses plus glorieux travaux, il eut à lutter en matière de piles de ponts contre les enseignements acquis et la routine. Les piles de ce bel ouvrage n'avaient que 60 mètres de haut : M. Eiffel proposait de les faire en métal : on lui objectait timidement la maçonnerie. Il fallut toute la sagesse du Conseil général des Ponts-et-Chaussées, toute la confiance que notre grand constructeur français inspirait dès lors, pour qu'il obtînt *à ses risques et périls* — et il n'y a de cela que peu d'années — la faculté de construire des piles de pont en fer de 60 mètres. Aujourd'hui l'énorme pile de 300 mètres de hauteur se dresse au Champ-de-Mars à la face du Monde. Quels audacieux, quels Titans, quels constructeurs de l'avenir jetteront sur deux piles de cette dimension un tablier de 500 mètres de portée? On ne le sait pas, on ne peut que l'imaginer. Mais ceux qui désormais discuteront l'emploi du métal pour des piles de pont de 60, de 100, de 120, de 150 mètres peut-être de hauteur, paraîtront des pygmées, on pourra leur objecter encore plus qu'une conception pure — un exemple réalisé!

Voilà pourquoi la Tour de 300 mètres passionne, en vérité, les ingénieurs du monde entier et pourquoi le public s'intéresse à ses courbes gracieuses parce qu'elles sont voulues et calculées. On sent, —

et cela sans être même *du métier*, — qu'il y a une grande conclusion utile évidente au sommet de la Tour du Centenaire de 1889.

Faut-il rappeler ici les craintes chimériques des trembleurs prétendant qu'aucun être humain ne pourrait accomplir le montage de la Tour à partir de 100 mètres ; qu'il faudrait inventer des *ouvriers-oiseaux*, que *le vertige* arrêterait l'œuvre comme la confusion des langues arrêta le progrès de la chimérique tour de Babel ?

Rien de tout cela ne s'est produit dans la pratique. Les *ouvriers-oiseaux* ont été tout simplement les braves gens des équipes de la Maison Eiffel qui avaient établi ses ponts à Garabit, à la Tardes, en Cochinchine. Le vertige n'a causé aucune terreur ni occasionné aucun accident, et c'est sans épouvante que l'un de ces braves gens plantera sur la Tour de 300 mètres le drapeau tricolore. La poésie frissonnante y perd peut-être un peu : l'avenir y gagnera.

Qu'est-ce d'ailleurs, à proprement parler, au point de vue de l'élévation proprement dite, de la raréfaction de l'air, des conditions de la vie humaine qu'une ascension de 300 mètres dans la région de Paris, au-dessus du Champ-de-Mars ? On vit parfaitement à plus de 300 mètres de hauteur dans les régions montagneuses, et c'est à plus de deux lieues de hauteur dans l'atmosphère, à plus de 8,000 mètres que nos intrépides aéronautes ont pu se porter. Tous n'en sont malheureusement pas revenus : mais notre vaillant et savant confrère Gaston Tissandier a montré que l'on pouvait en revenir. Il est beau, intéressant, amusant de monter à une hauteur de 300 mètres : ce ne saurait être ni dangereux ni effrayant, surtout quand le voyage se fera, non pas dans la nacelle d'un ballon, mais dans d'excellents ascenseurs où la science de nos ingénieurs aura trouvé encore une belle occasion de manifester la précision et la sécurité de ses études.

Comment on montera dans la Tour Eiffel.

C'est en effet au moyen d'ascenseurs que l'on montera le plus communément et le plus commodément dans la Tour Eiffel. Il y bien des escaliers dissimulés, comme le montre notre dessin, sous les membrures aériennes des piles, des escaliers très doux, allant de palier en palier, jusqu'au premier

Escalier conduisant au 1er étage de la Tour.

étage, et au delà tournant en vis. Mais la perspective de monter environ 1,700 marches, de grimper un peu plus de quatre fois de suite aux Tours de Notre-Dame de Paris fera réfléchir bien des visiteurs, et ils préféreront l'ascenseur, tout au moins lors de la deuxième visite. Cependant nous conseillons volontiers aux rêveurs une ascension lente par l'escalier au moins une fois : en montant d'instant en instant quelques marches de plus ils pourront se donner le plaisir d'augmenter lentement la zone du superbe panorama qui s'étalera sous leurs yeux.

L'étude des ascenseurs de la Tour a été aussi difficile qu'approfondie.

Les systèmes les plus divers et les plus ingénieux ont été proposés, analysés et essayés : ascenseurs à crémaillère, à vapeur, à eau sous pression, mus par l'énergie électrique, etc... On a expérimenté notamment des ascenseurs hélicoïdaux à crémaillère analogues aux chemins de fer à crémaillère qui rendent de si grands services dans les pays montagneux, notamment en Suisse. Ce système qui a paru un instant devoir être employé au moins partiellement était dû à M. Backmann, ingénieur suédois et avait reçu de M. Guyenet, ingénieur

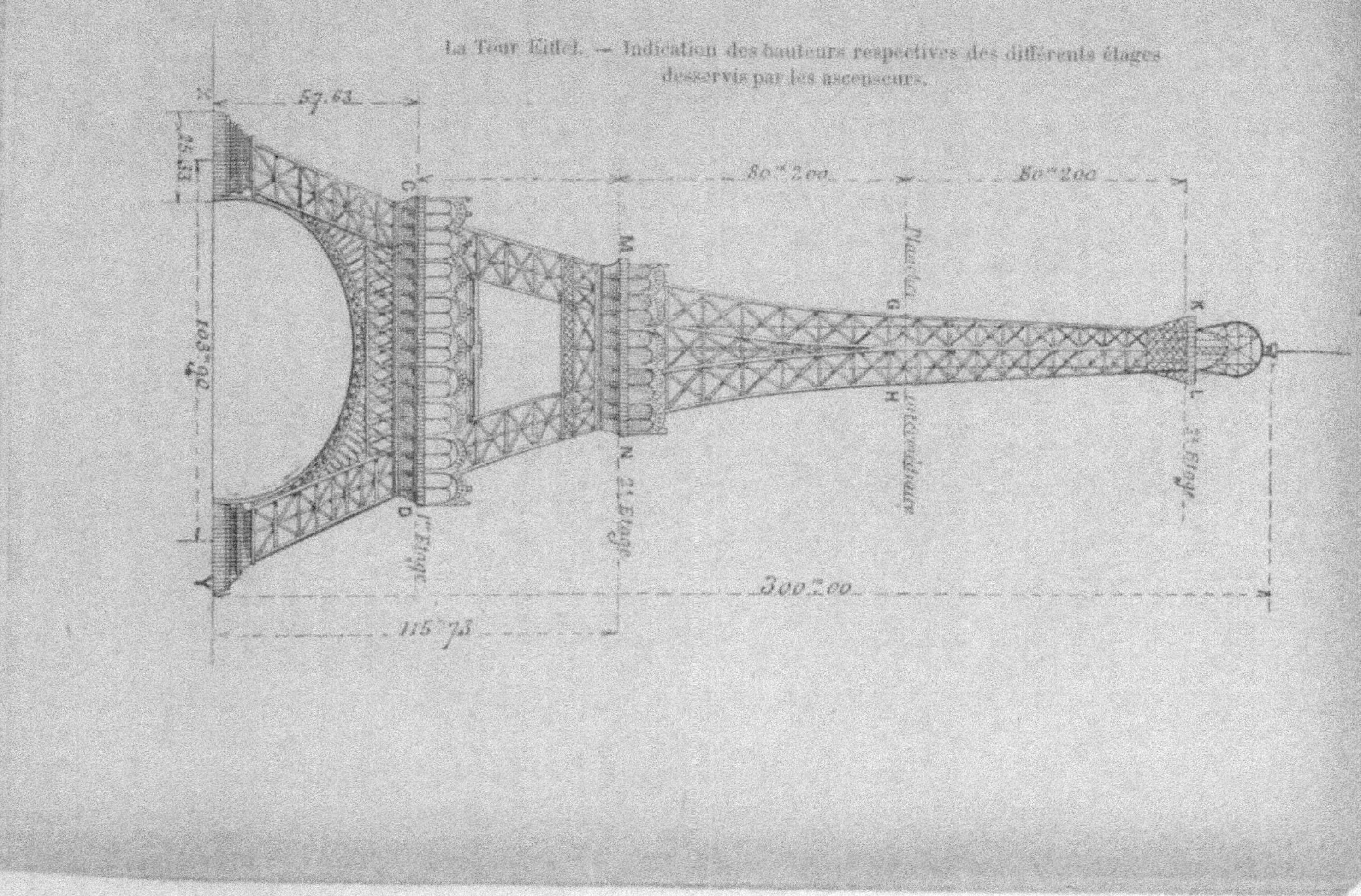
La Tour Eiffel. — Indication des hauteurs respectives des différents étages desservis par les ascenseurs.
1ᵉʳ Étage
2ᵉ Étage
3ᵉ Étage
Plancher intermédiaire
C D
M N
G H
K L
57.63
25.33
103ᵐ90
115ᵐ73
80ᵐ200
80ᵐ200
300ᵐ00

français, de notables perfectionnements. On a dû cependant y renoncer pour des considérations de stabilité très importantes en pareille matière. Finalement trois systèmes d'ascenseurs sont restés en présence et seront mis en pratique :

1° Le système *Roux, Combaluzier* et *Lepape*;

2° Le système *Otis*;

3° Le système *Edoux*.

Ce sont ces trois systèmes qui se partageront la besogne très chargée de monter les visiteurs en quatre étapes rapides au sommet de la Tour de 300 mètres.

Nous donnerons une brève description de ces trois systèmes qui ont été décrits en détail, notamment dans le *Génie civil*, en cours de projet et lorsqu'ils ont été adoptés.

Du sol XY jusqu'au premier étage CD où se trouveront les grands restaurants, il y aura *quatre ascenseurs*, savoir : deux du système *Roux, Combaluzier* et *Lepape*, et deux du système *Otis*.

De CD, premier étage, jusqu'en MN, deuxième étage, où se trouvent de nouveaux restaurants et de nouvelles salles de fêtes, *deux ascenseurs Otis* continueront seuls l'ascension des visiteurs.

Enfin de MN, deuxième étage, jusqu'en KL,

plate-forme supérieure au-dessous du campanile, se trouvera un ascenseur de l'excellent *système Edoux* qui a fait ses preuves dans les tours du Trocadéro et dans bien d'autres installations.

Le voyage sera donc commodément assuré de la base au sommet à partir duquel les visiteurs curieux d'aller visiter le pied du grand paratonnerre devront demander à leurs jarrets une ascension supplémentaire par un petit escalier à vis.

Ascenseur Roux, Combaluzier et Lepape.

L'ascension mécanique par impulsion n'a été appliquée jusqu'à ce jour que pour des hauteurs relativement faibles, et le système généralement adopté a presque toujours été celui dit *à tige* ou *à piston plongeur*, avec les diverses variantes connues.

Pour obvier aux inconvénients, qu'il présente, tout en conservant le principe du système à impulsion, MM. Roux, Combaluzier et Lepape ont songé, en étudiant un projet d'ascenseur pour la Tour Eiffel, à remplacer cette tige par un organe analogue, et, tronçonnant le piston rigide, ils ont imaginé le *piston articulé*.

Cet organe agit par compression, comme dans les ascenseurs à tige unique, et peut être assimilé à une sorte de colonne vertébrale. Il est en effet formé par une série de vertèbres ou petits pistons, ayant la forme de bielles à fourches. Ces pistons sont en outre munis de deux galets en chaque point d'attache.

Ce piston, ainsi articulé, étant introduit dans un conduit à section circulaire ou carrée, le parcourra aisément si l'on vient agir sur lui par refoulement et, se courbant facilement, il serpentera sans difficulté en suivant les sinuosités de ce conduit, comme le ferait une chaîne sur laquelle on agirait par traction. En fixant le premier maillon de ce piston au plancher d'une cabine ordinaire d'ascenseur, et en actionnant ce piston par une roue à empreintes, mue par un moteur quelconque, situé à la partie inférieure de la cage de l'ascenseur, on conçoit aisément qu'il sera facile de faire suivre à la cabine le chemin que l'on voudra, pourvu que le conduit dans lequel sera logé le piston suive lui-même le chemin à parcourir. En joignant les deux extrémités de ce piston flexible, on en fait une chaîne sans fin, à maillons de bielles, se mouvant sur deux poulies à empreintes, celle inférieure donnant le mouvement, et celle supérieure servant de simple poulie de renvoi.

Le problème de l'ascension dans la Tour de 300 mètres comporte les données suivantes:

Elever cent personnes à la fois avec une vitesse de 1 mètre à la seconde :

1° dans la partie inclinée des piédroits à une hauteur verticale de 113ᵐ40 en suivant un chemin courbe dont l'inclinaison varie de 54° au départ jusqu'à 80° à l'arrivée ;

2° dans la partie verticale, course de 150 mètres.

Bien que dans la partie inférieure la hauteur verticale ne soit que de 113ᵐ40, la course réelle de l'ascenseur, suivant le chemin courbe développé, se trouve être de 150 mètres.

La charge à soulever doit être en moyenne de 18 tonnes, comprenant :

La charge des voyageurs, qui serait environ de 100 × 70 kilog..	7 tonnes.
Le poids de la cabine, soit...	5 —
Le poids de deux demi-circuits du piston articulé (300 mètres × 17 kilog. le mètre courant)............	5 —
Les frottements, que, d'après les types établis à Paris et en fonctionnement régulier, l'on pourrait évaluer à	1 tonne.
Total..	18 tonnes.

Cette charge s'exerce sur deux pistons articulés

fixés chacun d'un côté de la cabine ; c'est donc une charge de 9 tonnes que supporte chacun de ces pistons. Ceux-ci, prolongés au delà de la cabine, passent, à la partie supérieure, sur de grandes poulies de renvoi, et constituent de véritables chaînes sans fin, avec cette différence, toutefois, qu'au lieu de travailler à la traction, elles travaillent à la compression, la chaîne ayant *du mou* dans toute la partie distendue. Cette disposition présente l'avantage d'éviter à la partie supérieure la nécessité d'un point d'appui destiné à supporter la charge totale des 18 tonnes. La poulie supérieure n'a, en effet, dans ce cas, à supporter que son propre poids et celui des huit maillons qui l'entourent. Un contrepoids vient équilibrer partiellement le poids mort de la cabine. Ce contrepoids n'est que de 3 tonnes, de manière à laisser à la cabine une surcharge de 2 tonnes lorsqu'elle est à vide, pour en permettre la descente spontannée.

Afin de pouvoir résister aux fortes charges qu'ils auront à supporter, les éléments du piston articulé sont formés par des tiges en fer forgé terminées à leurs extrémitées, d'un côté par un bout mâle, et de l'autre par un bout femelle, de manière à permettre l'assemblage des tronçons successifs. Ces tiges ont 45 millimètres de diamètre et 1 mètre de longueur d'axe en axe des extrémités, pour éviter le fléchissement des pièces travaillant à la compression. La charge maximum que peut supporter le tronçon le plus chargé étant de 9 tonnes, l'on voit qu'avec 45 millimètres de diamètre les tiges ne travailleront qu'à 5 kil. 7 par millimètre carré.

Les bouts mâles de ces tiges portent des épaulements entourant sur une demi-circonférence les joues des bouts femelles. Ces épaulements empêchent tout déboîtement de l'articulation en cas de rupture de l'axe et servent à l'engrènement avec les roues à empreintes. Les axes d'articulation en acier ont 36 millimètres de diamètre et portent à leurs extrémités les galets de roulement. Ils ne travaillent qu'à 14 kil. 4 par millimètre carré. Deux logements sur les joues des bouts femelles retiennent les galets et en empêchent la chute dans la colonne-guide en cas de rupture de l'axe d'articulation.

Le conduit ou colonne guide du piston articulé peut être constitué soit par une colonne cylindrique ou par un caisson formé de fers plats et cornières où même de simples fers à U. Quel qu'il soit, ce conduit doit présenter dans toute sa hauteur une

fente longitudinale pour permettre le libre déplacement des tourillons de suspension de la cabine.

Dans le projet présenté par MM. Roux, Combaluzier et Lepape pour la Tour Eiffel, les colonnes-
guides sont en forme de caissons composés de
deux fers spéciaux en forme de T, mais munis de
nervures servant de chemin de roulement aux
galets du piston articulé. Le jeu laissé entre les
galets et leurs chemins de roulement étant environ
de 5 millimètres, l'inclination des tronçons sur les
guides est très légère. Il en est de même des angles
formés par les divers tronçons entre eux. Il en
resulte que la composante normale aux guides est
très faible et facilement détruite par la résistance
opposée par les guides. La valeur de ces compo-
santes atteint au minimum $1/100^e$ de la charge
totale supportée par le piston articulé, soit environ
90 kilogr. Les caissons-guides sont d'ailleurs pré-
vus bien solidement fixés de distance en distance à
la charpente de la Tour.

Les cabines ont 5 mètres de hauteur chacune et
sont divisées en deux étages. Elles présentent, en
plan, la forme de l'emplacement dans lequel elles
doivent se mouvoir. Les pistons articulés s'attellent
de chaque côté de la cabine par des tourillons mu-

nis de galets de roulement, l'axe de suspension ainsi formé passant un peu au-dessus du centre de gravité. Les galets de roulement se déplacent le long des piédroits de la charpente de la Tour.

Les roues à empreintes qui transmettent le mouvement aux pistons articulés sont clavetées sur l'arbre moteur situé dans le sous-sol du piédroit de la Tour. Ces roues ont leurs jantes formées de deux flasques en tôle solidement entretoisées et présentent douze segments d'engrènement.

Le moteur adopté est un moteur hydraulique à piston plongeur d'une grande puissance.

La commande du distributeur se fait de la cabine en actionnant par un volant à main le cable de manœuvre. Le mécanicien qui se trouve auprès de la machine, au bas de la Tour, peut également actionner directement le distributeur et arrêter la cabine à une hauteur quelconque.

Telle est dans ses grandes lignes l'élégante solution imaginée par MM. *Roux*, *Combaluzier* et *Lepape* pour le service du premier étage de la Tour Eiffel.

Ascenseur Otis.

De tous les systèmes d'ascenseurs, usités en Amérique et en Angleterre, ceux construits par MM. Otis frères, de New-York, sont les plus répandus et les plus appréciés.

Ils présentent ce double avantage, pour les grandes hauteurs, de ne pas nécessiter le forage d'un puits profond et de permettre une marche à grande vitesse tout en conservant la docilité et la précision des mouvements qui sont le propre des appareils hydrauliques.

Les ascenseurs Otis, établis entre le rez-de-chaussée et le 2ᵉ étage de la Tour, possèdent des cabines qui ne contiennent que 50 voyageurs, mais comme leur vitesse ascensionnelle est de 2 mètres par seconde, soit le double de celle des autres ascenseurs, leur rendement est le même.

Nous ferons une courte description du fonctionnement de cet ascenseur :

Un cylindre en fonte de 0ᵐ05 de diamètre et 11 mètres environ de longueur, est placé dans le pied de la Tour perpendiculairement à l'inclinaison des arbalétriers ; dans ce cylindre, se meut un piston actionné par de l'eau prise dans des réservoirs installés au second étage et par conséquent à une pression de 11 à 12 atmosphères. La tige du piston agit sur un chariot portant 6 poulies mobiles de 1^m40 de diamètre, chacune de ces poulies correspond à une poulie fixe de même diamètre de façon à constituer un véritable palan de dimensions gigantesques mouflé à 12 brins.

Le garant de cette énorme moufle passe sur des poulies de renvoi placées de distance en distance jusqu'au-dessus du second étage et redescend s'accrocher à la cabine ; il en résulte que pour un déplacement de 1^m00 du piston dans le cylindre, la cabine monte ou descend de 12 mètres.

Afin d'équilibrer une partie de la charge de la cabine, on suspend un contrepoids qui se déplace en roulant sous le chemin des ascenseurs.

Les plus grandes précautions ont été prises en vue de la sécurité des voyageurs.

Les câbles en fil d'acier, qui suspendent la cabine, sont au nombre de *six* dont 2 sont reliés au contrepoids et 4 appartiennent au système des poulies mouflées. *Un seul* de ces câbles pourrait supporter sans se rompre le poids de la cabine et des voyageurs.

On a placé en outre sous la cabine un frein de sûreté à mâchoires qui fonctionnerait automatiquement en cas de rupture, ou même d'allongement anormal de l'un des câbles.

Le contrepoids est également pourvu d'un appareil de sûreté qui rend sa chute impossible.

Ces appareils sont très remarquables et la sécurité de leur emploi est garantie par l'expérience de plus de 15,000 ascenseurs fonctionnant aux Etats-Unis d'une manière parfaite, sans que jamais un seul accident se soit produit.

Ces ascenseurs sont principalement destinés à monter les voyageurs du sol au 2ᵉ étage, ce qu'ils feront à grande vitesse en une minute seulement.

Ils seront au nombre de deux et formeront *les trains express* pour le 2ᵉ étage.

Ascenseur Edoux

Pour le dernier tronçon de la Tour, c'est-à-dire du 2ᵉ étage au sommet, c'est notre constructeur parisien M. Edoux qui s'est chargé de l'ascension. Il s'agissait de franchir 160 mètres, c'est-à-dire un peu plus de deux fois la hauteur des Tours du Trocadéro dont l'ascension fait, depuis l'Exposition de 1878, la joie du public parisien et étranger.

M. Edoux a fractionné la distance à franchir en deux tronçons de 80 mètres chacun reliés entre eux à un plancher intermédiaire où l'on changera de cabine. Le principe en a été adopté, après étude approfondie par une Commission spéciale, nommée par le Ministre et composée de MM. Collignon, Contamin, Mascart, Ménard-Dorian, Molinos, Amiral Mouchez et Philipps.

Cet appareil est à la fois si simple et si imposant dans ses proportions que nous croyons utile de lui consacrer ici une brève description.

Rappelons sommairement le principe de l'appareil ordinaire de M. Edoux.

On sait qu'il consiste essentiellement en un piston métallique ayant pour hauteur celle de la distance à parcourir, se déplaçant dans un cylindre vertical et portant à sa partie supérieure la cabine destinée à recevoir les voyageurs ; le système ainsi constitué est équilibré par des contrepoids convenablement disposés et calculés.

Ce système ne pouvait s'appliquer tel quel à la Tour, puisque l'on imposait la condition de ne faire descendre au-dessous du second plancher aucun des organes destinés à la manœuvre de l'appareil.

M. Edoux a su vaincre la difficulté d'une façon très ingénieuse, tout en ne changeant pour ainsi dire rien à son appareil type.

La distance verticale à parcourir comprise entre le second étage et le sommet de la Tour est de 160^{m}40 ; supposons-la divisée en deux parties de 80^{m}20 chacune et établissons, par la pensée, un plancher intermédiaire à ce niveau (G H dans notre dessin).

En considérant ce plancher comme point de départ d'un ascenseur ordinaire, ce dernier pourrait franchir toute la partie au-dessus jusqu'au sommet de la Tour, pendant que son contrepoids, dont le point de départ serait le même plancher, irait de celui-ci jusqu'au second étage.

Si maintenant on remplace ce contrepoids par une cabine, on conçoit aisément que l'on pourra franchir de cette façon toute la hauteur de 160^{m}40 qu'il s'agit de parcourir.

L'*ossature métallique* de l'ascenseur est constituée par une poutre-caisson pleine occupant le centre de la Tour, d'une hauteur de 160^{m}40 et par deux autres poutres de section plus petite allant, l'une

du second étage au plancher intermédiaire, et
l'autre de ce dernier plancher au sommet de la Tour.

Ces trois poutres sont réunies par des entretoises aux parois métalliques de la tour et sont
destinées à supporter les guidages des cabines.

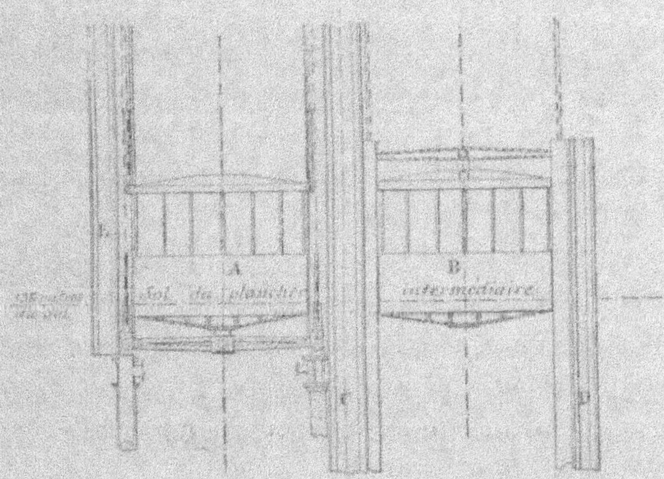

Montée et descente des cabines de l'ascenseur Edoux
dans la tour Eiffel.

Désignons par A et B les deux cabines comme
l'indique notre dessin. La cabine A est portée par
deux pistons de presse hydraulique donnant ensemble une section de 1,600 centimètres carrés.
Ces deux pistons sont articulés à leur partie supérieure sur un palonnier dont le milieu porte la

cabine ; de cette façon, celle-ci s'élèvera toujours régulièrement sans être influencée en rien par les légères variations de vitesse des pistons, variations ne pouvant résulter, et cela dans une très faible mesure, que de frottements inégaux aux garnitures des pistons.

De la partie supérieure de la cabine A et des deux extrémités du palonnier partent quatre câbles qui, passant sur des poulies établies au sommet de la Tour, soutiennent la cabine B ; deux des câbles s'attachent sur un palonnier au milieu duquel est suspendue cette cabine, les deux autres câbles sont fixés directement au corps de la cabine même.

Les cabines doivent pouvoir élever 750 personnes à l'heure ; leur surface étant de 14 mètres carrés, elles peuvent donc contenir environ 63 personnes, ce qui donne pour chaque voyage, aller et retour, une durée de cinq minutes. Chaque cabine ne parcourant que la moitié de la course totale, il en résultera un échange de l'une à l'autre à la hauteur du plancher intermédiaire ; cet échange se fera par deux chemins distincts et par suite sans perte de temps. La durée d'une ascension se décomposera ainsi : une minute et demie pour la course de chaque cabine et une minute pour le passage de l'une à l'autre.

Le poids de chaque cabine chargée est de
8000 kilogr., soit 4000 kilogr. pour la cabine seule
et 4000 kilogr. pour les voyageurs.

Des précautions particulières ont été prises pour
soustraire les divers organes de l'ascenseur à
l'action du vent.

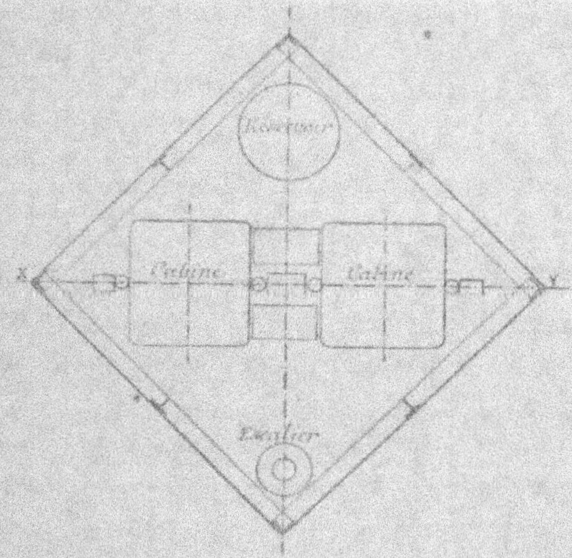

Plan d'installation de l'ascenseur Edoux dans la partie supérieure
de la Tour.

Sur toute la hauteur de leur course, les deux pistons sont protégés à cet effet par une colonne creuse
en fonte présentant une rainure pour le passage
du palonnier et munie de distance en distance

de portées *dressées* servant de guidage et contre lesquelles pourra, le cas échéant, appuyer le piston ; dans les mêmes colonnes passent les câbles de suspension de la cabine B. De l'autre côté, sur toute la hauteur comprise entre le second étage et le plancher intermédiaire, les cabines sont guidées par deux colonnes en fonte analogues aux précédentes et qui renferment également les câbles de suspension de la cabine B, et les mettent à l'abri du vent.

Les divers organes de transmission, pistons et câbles, sont ainsi tous renfermés dans des gaînes protectrices, sauf les câbles de la cabine B; ces derniers seront, dans la partie supérieure au plan d'échange, maintenus par des embrasses fixées sur les entretoises de la Tour.

La section totale des pistons étant de 1 600 centimètres carrés, la pression d'eau devra être de 8 kilogr. par centimètre carré.

On voit donc que pour les cas même les moins favorables, le mouvement de l'appareil sera assuré.

L'ascension de la cabine B, qui correspond à la descente de la cabine A, sera réglée par un système spécial de valves ouvrant ou fermant plus ou moins la sortie de l'eau hors des cylindres. Quant à la descente de la cabine B, elle sera réglée par l'admission de l'eau sous les pistons de la cabine A.

Les pistons devant avoir chacun un poids de 9600 kilogr., seront composés de deux parties tubulaires, la première en acier, la seconde en fonte.

Le tronçon supérieur sera formé par un tube en acier de 60 mètres de longueur, pesant 3,900 kil.

Les deux pistons se trouvent placés dans des conditions de résistance très favorables, car les fatigues du métal à la traction et à la compression ne dépassent pas 2 kil. 5 par millimètre carré.

Cylindres. — Les cylindres ont un diamètre extérieur de 0^m38 et sont constitués en tôle d'acier de 10 millimètres d'épaisseur. Les divers tronçons en tôle sont réunis par des manchons filetés, assurant une continuité parfaite sur toute la hauteur des cylindres.

Les deux cylindres seront alimentés par un même distributeur, assurant ainsi dans chacun d'eux une admission égale, donnant pour le piston des déplacements égaux.

Ce distributeur est alimenté lui-même par un réservoir situé au sommet de la Tour et d'une capacité d'environ 20,000 litres.

L'eau est fournie dans le réservoir par deux pompes de 25 litres chacune, établies à la partie inférieure de la Tour et élevant l'eau à une hauteur de 276 mètres environ ; mais ici, par une utilisation heureuse de la situation particulière où il se trouve placé, M. Edoux n'emploiera que la force nécessaire pour élever l'eau à 80 mètres de hauteur. En effet, l'eau d'échappement des cylindres retournant aux pompes, arrive sur les pistons avec une pression correspondant à une hauteur d'eau de 196 mètres ; il en résulte que la hauteur vraie à laquelle il faudra élever l'eau ne sera plus que de 80 mètres.

En réalité, la force à développer sera un peu plus considérable à cause des pertes de charge.

En marche normale, les deux pompes fonctionneront en même temps : ce n'est que lorsque les visites seront moins fréquentes qu'une seule pompe fonctionnera.

Un frein très puissant, emprunté au dispositif indiqué par M. Backmann, permet de répondre absolument de tout accident et d'affirmer que, même dans le cas de rupture d'un organe important de l'ascenseur, les visiteurs portés par la cabine n'auraient pas à redouter une chute vertigi-

neuse dans l'espace. Ce qui pourrait leur arriver
de plus désagréable consisterait à rester en route
pendant quelque temps à une hauteur quelconque
et à être obligés de reprendre l'escalier jusqu'à
l'étage inférieur.

En résumé, la question si difficile des ascenseurs
de la Tour Eiffel a été remarquablement étudiée :
leur usage rapide et précis jusqu'à ces grandes
hauteurs ne sera pas l'une des moindres curiosités
ni l'un des moindres agréments pour les visiteurs
de la Tour de 300 mètres.

Le rôle et l'utilité de la Tour Eiffel. — Expériences et recherches scientifiques

Nous avons dit que la Tour de 300 mètres est
avant toute la réalisation d'un gigantesque travail
industriel dans l'ordre des constructions des ponts
et des viaducs. Elle sera à ce point de vue pleine
d'enseignements et d'utilité pour l'avenir et élar-
gira le cercle des conquêtes faites par l'art de l'ingénieur dans la réalisation des grands ouvrages
métalliques.

Mais là ne se bornera pas son rôle. Un pylone de

300 mètres élevé au Champ-de-Mars permettra de procéder à une foule de recherches et d'observations utiles. Les savants, les observateurs les plus renommés ont été consultés à ce sujet et leurs avis ont été unanimes d'approbation. Nous les résumerons ici, après avoir dit que ceux qui ont été consultés et dont le Monde entier connaît la compétence sont le général Perrier, si prématurément ravi à la Science, le général de Nansouty, feu Hervé-Mangon, MM. Becquerel, Mascart, Camille Flammarion, Georges Berger l'éminent directeur général de l'exploitation à l'Exposition de 1889 et bien d'autres. La Presse technique et scientifique universelle émit, dès l'origine du projet, des espérances qui seront réalisées et au delà, car l'avenir fera connaître, sans doute, tous les emplois variés auxquels peut se prêter cette installation exceptionnelle et en suggérera sans cesse de nouveaux.

Voici ce que l'on peut dès maintenant prévoir :

1° *Observations stratégiques*. — En cas de guerre et de siège on pourrait, du haut de la Tour, observer les mouvements de l'ennemi dans un rayon de plus de 60 kilomètres et cela par-dessus les hauteurs qui entourent Paris et sur lesquelles sont construits

nos beaux et puissants forts de défense. Si l'on eut
possédé la Tour Eiffel pendant le siège de Paris, en
1870, avec les foyers électriques intenses dont elle
sera munie, qui sait si les chances de la lutte
n'eussent pas été profondément modifiées? La Tour
Eiffel, ce serait la communication constante et
facile entre Paris et la province ; ce serait l'inves-
tissement annihilé, le mot d'ordre de concentration
envoyé à volonté jusqu'à de prodigieuses distances!
La télégraphie optique, dont les procédés combinés
avec ceux de la correspondance secrète ou *crypto-
graphie* ont atteint une remarquable perfection,
permettrait de communiquer constamment entre
Paris et Rouen, Alençon, Beauvais, etc... Rien ne
saurait arrêter ni interrompre ces signaux utiles
qui contribueraient à ne faire qu'une toutes les
armées organisées en province contre l'envahis-
seur.

Certes l'ennemi tenterait probablement en tirant
au jugé, de par delà les forts, d'envoyer quelques
obus dans la Tour ; mais à supposer qu'il y par-
vienne, ce qui ne serait point aisé malgré les progrès de l'artillerie, le projectile n'y produirait pas
plus d'effet qu'un tout petit grain de plomb lancé
violemment sur une toile d'araignée; quelques

fers cassés, bien vite réparés, et ce serait tout.

Voilà déjà l'un des aspects les plus utiles de la Tour Eiffel.

2° *Observations météorologiques*. — Un Observatoire sera établi dans la Tour à 300 mètres d'altitude. Le titulaire sera facile à trouver parmi nos savants les plus dévoués et paraît tout indiqué d'avance. Dans cet Observatoire on pourra étudier utilement, au point de vue de l'hygiène et de la Science, la direction et la violence des courants atmosphériques, l'état et la composition chimique de l'atmosphère, son électrisation, son hygrométrie, etc...

3° *Observations astronomiques*. — A cette grande hauteur, la pureté de l'air et l'absence des brumes basses qui recouvrent le plus souvent l'horizon de Paris, permettront de faire un certain nombre d'observations astronomiques parfois impossibles à réaliser d'une façon régulière dans notre région.

4° *Éclairage électrique à grande hauteur*. — Une des applications pratiques les plus intéressantes sera celle de l'éclairage électrique de l'Exposition universelle de 1889 et d'une partie de la ville de Paris. Cela se fera en disposant à diverses hauteurs sur la Tour et au sommet des foyers électriques puissants, comme cela existe déjà dans un certain nombre de villes d'Amérique et à Paris même sur la place du Carrousel.

Ruisselante ainsi de feux, la Tour de 300 mètres ressemblera de loin à une gigantesque et féerique escarboucle.

5° *Expériences scientifiques*. — Bien d'autres applications seront encore réalisées soit dans le domaine pratique, comme par exemple l'indication de l'heure à grande distance, soit encore dans le domaine scientifique. Disposant pour la première fois, en dehors de la nacelle instable et tournoyante d'un ballon, d'une hauteur libre et verticale de 300 mètres, on pourra étudier ou compléter les travaux commencés ou espérés sur bien des points, entre autres : la chute des corps dans l'air, la résistance de l'air sous différentes vitesses, certaines lois de l'élasticité, l'étude de la compression des gaz ou des vapeurs, l'étude de l'oscillation du pendule, etc. Le champ des recherches ainsi ouvert est aussi vaste qu'utile et il y a tout un programme scientifique des plus curieux à établir rien que des expériences qui pourront être faites sur la Tour Eiffel. La rédaction seule de ce programme mériterait de donner lieu à un concours ouvert entre tous les

savants du Monde et M. Eiffel le fera probablement.

La beauté esthétique de la Tour de 300 mètres

La Tour de 300 mètres est un monument colossal, grandiose, imposant. Est-ce aussi un beau
monument?

Nous n'hésiterons pas à répondre : oui! avec
conviction.

Expliquons-nous.

Le premier principe de l'esthétique architectu-
rale est que les lignes essentielles d'un monument
soient déterminées par la parfaite appropriation à
sa destination. Or, de quelle condition M. Eiffel
a-t-il eu, avant tout, à tenir compte dans la construction de sa Tour, pile de pont métallique géante,
pylone en fer colossal des ponts les plus invraisem-
blables — les plus vraisemblables demain peut-
être — que puisse enfanter l'imagination humaine?
Cette condition primordiale c'est la résistance au
vent.

Cela posé, les quatre arêtes du monument, telles
que le calcul les a fournies au grand ingénieur,

donnent bien une impression de beauté autour de
la trame en fer aérienne qui les relie et que l'air
et la lumière traversent largement et illuminent ;
car elles traduisent aux yeux de l'initié ou du pro-
fane la hardiesse et la précision de la conception
vertigineuse.

Ces courbes gracieuses, comme le disait un éminent Maître de l'Architecture et de l'Art, M. Émile
Trélat, dans un article de critique fin et spirituel
inséré et remarqué danc la Revue *le Génie civil*,
ces courbes sont un chapitre de l'esthétique. Elles
satisfont en tous les points de leur tracé aux exigences de la stabilité de l'édifice. La tempête peut
passer, se ruer aux longs pans de fer, les attaquer
de face ou de trois quarts, courir parallèlement au
sol ou pointer de haut ou de bas. Peu importe !
Partout elle développera, aux endroits qu'elle fati-
guera le plus, des résistances victorieuses.

La Tour n'éteint pas l'Exposition de 1889 sous
son immensité. Elle la précède, elle l'encadre sous
son arc-en-ciel de fer qui rappelle le magnifique
viaduc de Garabit, autre chef-d'œuvre de M. Eiffel,
autre victoire de ce Maître du fer et de l'acier sur
les éléments et sur la matière. On a dit avec raison,
en langage vulgaire, que la Tour de 300 mètres

était *le clou* de l'Exposition ; c'est un bon clou qui en attache et en relie les parties et qui en fait valoir l'assemblage.

Au fur et à mesure que la Tour montait, s'étageait, que ses parties s'élevaient plus haut, artistement reliées les unes sur les autres, on a vu le chef-d'œuvre dont les montants semblaient tout d'abord s'élancer au hasard de l'espace, se tasser, prendre ses proportions relatives, se rapetisser en quelque sorte dans sa force et dans sa puissance pour laisser finalement aux yeux du spectateur émerveillé, un vaisseau d'immense cathédrale inconnue, au bas, une flèche d'une audace imprévue et émouvante, au haut.

Voilà l'esthétique de la Tour Eiffel. Ce puissant appareil constructif est logique, compréhensible, voulu. Il est beau, car il est le progrès matérialisé, la force prouvée, l'avenir largement ouvert.

Il n'est pas sans intérêt d'entendre M. Eiffel l'apprécier lui-même. C'est ce qui a eu lieu, dans des circonstances particulièrement intéressantes, le 4 juillet 1888.

La Tour était alors arrivée à la moitié de sa hauteur, aux deux tiers de son œuvre totale, et M. Eiffel avait convoqué les membres de la Presse

Le Comité de la Presse faisant l'ascension du 2e étage de la Tour Eiffel, le 4 juillet 1888.

parisienne à un banquet sur le premier étage. Ils s'y
rendirent avec le plaisir d'inaugurer, en quelque
sorte, ce grand travail français dont ils avaient
sans exception, on peut le dire, apprécié dès le
début, l'intérêt et l'originalité.

« Je suis plus habitué, dit spirituellement
» M. Eiffel, à assembler des fers que des phrases,
» et je ne veux pas essayer de vous faire un dis-
» cours : mais je tiens à vous remercier d'avoir
» bien voulu venir visiter les travaux de la Tour et
» vous rendre compte par vous-mêmes de leur
» avancement, de ce que l'on peut en augurer...

» ...Les commencements furent pénibles, et des
» critiques passionnées autant que prématurées
» me furent adressées. Je fis de mon mieux tête à
» l'orage, grâce au constant appui de l'un des
» vôtres, M. Lockroy, alors Ministre du Commerce
» et de l'Industrie, et j'essayai, par la bonne
» marche des travaux de concilier, sinon l'opinion
» des artistes, du moins celle des ingénieurs et des
» savants. J'ai tenu à montrer, malgré mon humble
» personnalité, que la France continuait à tenir
» l'un des premiers rangs dans l'art des construc-
» tions métalliques où, dès l'origine, ses ingénieurs
» se sont particulièrement distingués et ont cou-

» vert l'Europe des productions de leur talent.
» Vous n'ignorez pas, en effet, que presque tous
» les grands ouvrages d'art, en Autriche, en
» Russie, en Italie, en Espagne et en Portugal sont
» dus à nos ingénieurs français et que c'est avec
» orgueil, qu'en voyageant à l'étranger, on retrouve
» les traces de leur activité et de leur Science.

» La Tour de 300 mètres est, avant tout, une
» saisissante manifestation de notre génie national
» dans l'une de ses formes les plus modernes :
» c'est là une de ses principales raisons d'être...

» Si j'en juge par l'intérêt qu'elle inspire, tant
» en France qu'à l'étranger, j'ai lieu de penser que
» mes efforts n'auront pas été stériles et que nous
» pourrons faire connaître au monde que la France
» continue à rester à la tête du Progrès et qu'elle a
» su, la première, réaliser une entreprise souvent
» tentée ou rêvée; car l'homme a toujours cher-
» ché à construire des édifices de grande hauteur
» pour manifester sa puissance : mais il a reconnu
» bien vite que, de ce côté, ses moyens étaient fort
» limités. Ce n'est que par les progrès de la Science
» et de l'art de l'ingénieur, et par ceux de l'indus-
» trie métallurgique, qui distinguent la fin de
» notre siècle, que nous pouvons dépasser, dans

» cette voie, les générations qui nous ont précédés,
» par la construction de cette Tour qui sera l'une
» des caractéristiques de l'industrie moderne,
» puisqu'elle seule l'a rendue possible. »

. . . .

Il est évidemment impossible de définir avec
plus de largeur de vues et d'autorité le rôle important que la Tour de 300 mètres est appelée à jouer
comme une sorte de jalon planté dans le domaine
hardi des conquêtes de l'esprit moderne. Il n'est
pas un des visiteurs du monument immense qui,
tout rempli encore de l'impression profonde que
cause sa vue, ne partage avec une émotion réelle
les sentiments de celui qui l'a si vaillamment conçu
et si énergiquement exécuté, et qui ne reste con-
vaincu de ces points qui échappent désormais à la
discussion, à savoir que la Tour Eiffel est une conception mécanique de premier ordre, une œuvre
artistique dans un domaine artistique nouveau, et
que son exécution est une opération glorieuse pour
la France et pour l'Humanité.

L'Art de l'ingénieur et la Science.

« Nul n'est prophète en son pays », dit un vieux et juste proverbe. Aussi, pour compléter ce que nous venons d'exposer à grands traits sur les rapports certains de la grande œuvre de M. Eiffel avec l'Art proprement dit, croyons-nous ne pouvoir mieux faire que de relater quelques paroles prononcées récemment à ce sujet par un savant ingénieur anglais justement estimé, sir Frédéric Bramwell.

Nommé président de l'*Association britannique pour l'avancement des sciences*, en 1888, à la session de Bath, sir Frédéric Bramwell prit précisément comme thème de son discours, qui est un modèle du genre : *L'Art de l'ingénieur et la Science.*

Son discours, dont nous ne pouvons citer que de brefs extraits, est la haute expression de l'impression qui reste à l'esprit du penseur après avoir contemplé des œuvres telles que le viaduc de Garabit, le pont du Forth et la Tour Eiffel.

Après avoir examiné et analysé toutes les grandes découvertes et les grands travaux de l'art de l'ingénieur dans notre siècle, le savant anglais s'exprime ainsi :

« Ingénieur moi-même, j'ai à cœur de louer ma
» profession et d'honorer ma carrière et pour cela,
» je ne saurais mieux faire que de reproduire la
» définition qu'en donnent les statuts de l'Institut
» des Ingénieurs civils : « L'art de diriger les
» grandes sources de forces de la nature au plus
» grand profit de l'homme. »

» Mais ce n'est là qu'un résumé bien incomplet
» des études qui s'offrent à l'ingénieur. En réalité,
» le domaine de cet art n'est limité que par les
» progrès de la science : son utilité s'augmente
» après chaque découverte, ses ressources avec
» chaque invention en chimie et en mécanique ;
» ses possessions n'ont pas de bornes, non plus que
» les investigations de ceux qui l'enseignent. »

» L'ingénieur, de nos jours, sait que, pour réussir, il doit être au courant de toutes les connaissances scientifiques, et que ceux qui viendront
» après lui devront, eux aussi, connaître la Science
» et apprécier pleinement la valeur d'une découverte scientifique. Ainsi, *les applications pratiques*
» ne sont pas seulement un stimulant pour ceux
» qui poursuivent l'étude de la science, elles met-

» tent aussi l'ingénieur au nombre de ces sa-
» vants.

   » ...J'affirmerai aussi que l'art de l'ingénieur a
» son côté poétique. Vraiment la solution du pro-
» blème suivant ne vous semble-t-elle pas être
» pleine de poésie? Voici un rocher que le flot ne
» découvre jamais; les vagues qui s'agitent au-
» dessus de lui indiquent seules sa présence; il a
» causé la perte de plus d'un vaisseau qui, après
» avoir fait, sans avaries, des milliers de lieues,
» est venu se briser en pièces à quelques kilomè-
» tres du rivage. Sur ce rocher, on va construire
» un phare. On descend les fondations de cet édi-
» fice dans l'eau, au milieu des brisants, tout est
» préparé, le succès semble assuré :..... une nuit
» suffit pour renverser les travaux commencés !
» On recommence et l'on va ainsi, peu à peu, jus-
» qu'au succès : l'œuvre s'élève au-dessus du niveau
» ordinaire des marées : sur ces fondements désor-
» mais sûrs, après des années de lutte, une flèche
» s'élève, qui a la grâce du palmier, la résistance
» du chêne. En haut, le feu, résultat des plus
» hautes applications de la Science, brille derrière
» de puissantes lentilles, et par un mécanisme in-
» génieux le phare indique, de minute en minute,

» au navigateur qui l'interroge et son nom et sa
» position sur la côte.

» Cela fait, l'ingénieur n'a-t-il pas le droit de
» dire : j'ai rendu à jamais inoffensif ce rocher qui
» a été si longtemps pour tous un danger mena-
» çant. Doutez-vous que l'homme qui a résolu un
» tel problème ne se sente ému d'un sentiment
» poétique à la vue de son œuvre?...

. . . .

» L'œuvre de l'ingénieur n'est jamais purement
» mécanique, terre-à-terre, en dehors de la Science,
» jamais inintelligente ; elle est, au contraire,
» éminemment bienfaisante et digne d'intéresser
» les plus grands esprits. »

. . . .

Il est impossible de ne pas appliquer à la grande
œuvre de M. Eiffel les hautes considérations émises
par le savant sir Frédéric Bramwell. Quel est le
phare sauveur, le pont utile, qui seront la conséquence des travaux de la Tour de 300 mètres ?
Quels seront les enseignements acquis dans
l'exécution hardie de cette construction colossale ?
L'avenir seul nous le dira, mais les unes et les
autres sont certaines, et il est plus aisé de les pro-
phétiser que de les prévoir. Quoiqu'il en soit, notre

7

constructeur émérite aura sûrement adapté à la
mesure française le grand principe des ingénieurs
civils anglais si vaillamment levé, comme le drapeau de la corporation par M. Bramwell : « *Diriger
les grandes sources de forces de la nature au grand
profit de l'homme.* »

Quelques chiffres statistiques au sujet de la Tour de 300 mètres.

Nous terminerons par quelques chiffres statis-
tiques sur les éléments principaux de construction
de la Tour de 300 mètres.

Le poids total des fers employés se tient entre
6.800.000 et 7.000.000 de kilogrammes.

Le *poids* des rivets en fer qui relient les pièces
entre elles est d'environ 450.000 kilogrammes :
leur *nombre* total est de 2.500.000. Sur ce chiffre,
800.000 ont été posés à la main sur le chantier
même de la Tour pour assembler entre eux les
tronçons déjà formés d'éléments rivés entre eux
mais apportés tout préparés sur le chantier et
n'ayant plus, comme nous l'avons indiqué, qu'à
être mis à leurs places respectives.

Le nombre des pièces métalliques qui s'entrecroisent en tous sens est de 12.000 et chacune d'elles, en raison de leur forme même et de leur direction sans cesse variée dans l'espace, a nécessité un dessin spécial. C'est donc l'énorme masse de 12.000 dessins qui est sortie, *calculée par logarithmes*, avec une précision de 1/10 de millimètre du Bureau des études de l'usine Eiffel, à Levallois-Perret : une montagne de dessins préparant une montagne de fer ! Et dans tout cela, pas une erreur, pas une incertitude, pas un mécompte !

Nous pouvons dire sans faire preuve d'un amour-propre national exagéré que jamais la sûreté dans les études et la précision sur le terrain n'ont été, nulle part, poussées aussi loin. Les rapports officiels du service du contrôle de l'Exposition de 1889 que nous donnons plus loin, comme pièces annexes (1), en font, d'ailleurs, foi.

Oscillations au sommet.

On s'est demandé ce que serait l'*amplitude* au sommet des oscillations de ce gigantesque pylône

(1) Voir les pièces annexes à la fin de l'ouvrage.

de 300 mètres sous l'action des ouragans. Le calcul et des expériences faites sur des cheminées d'usine en briques dont quelques-unes, rares il est vrai, ont jusqu'à 140 mètres de hauteur, permettent de répondre.

Les plus grandes oscillations au sommet ne dépasseront pas, dans les conditions les plus défavorables de tempête 10 à 15 *centimètres*. Si quelque visiteur à la recherche des émotions que donne, en passant, le cyclone, reste au plus extrême sommet pendant la tempête, il est certain qu'il ne s'apercevra même pas de ces oscillations. Quel beau spectacle à prévoir, en revanche, que celui de l'ouragan fouettant la robuste membrure qui s'élèvera droite, haute, invincible, au sein de la fureur des éléments dominés !

CONCLUSION

Nous bornerons ici ce coup d'œil rapide sur une des œuvres les plus curieuses et les plus colossales des temps modernes et nous n'aurons pu qu'effleurer cet énorme sujet d'études offert à l'ingénieur.

Il appartient à M. Eiffel seul, comme il l'a fait récemment pour le viaduc de Garabit, de présenter au public, avec son talent et sa Science, l'ensemble de ses calculs et de ses dessins et de faire pénétrer avec lui les ingénieurs du Monde entier dans les détails de son œuvre. Cette communication que nul autre que lui ne saurait entreprendre, augmentera encore, s'il se peut, son prestige.

Nous n'avons essayé que de faire comprendre aussi simplement que possible, — et nous serions heureux d'avoir atteint notre but, — combien sera merveilleux ce monument élevé par la Science en l'honneur du progrès et de l'intelligence humaine. Moyen puissant de protection, instrument utile de recherches scientifiques, consécration de l'alliance définitive et féconde entre la pratique et la théorie, la Tour Eiffel est bien le Monument qui devait s'élever au Champ-de-Mars pour la célébration glorieuse du Centenaire de 1789!

PIÈCES ANNEXES

ANNEXE A

PRÉCAUTIONS A PRENDRE POUR PROTÉGER LA TOUR
CONTRE LES ACCIDENTS DE FOUDRE

24 juin 1886.

*Note adressée à monsieur le Ministre du commerce
et de l'industrie par :*

MM. Ed. Becquerel, membre l'Institut ;
  Mascart, membre de l'Institut, directeur du
  bureau central météorologique :
  Georges Berger, président honoraire de la société internationale des électriciens.

La Tour de 300 mètres de hauteur dont la construction
est projetée au Champ-de-Mars, dans l'enceinte de l'Exposition, pourra jouer le rôle d'un immense paratonnerre
protégeant un très large espace autour d'elle à condition

que sa masse métallique soit en communication parfaite avec la couche aquifère du sous-sol, par le moyen de conducteurs capables de débiter la quantité considérable de fluide électrique dont il y aura lieu d'assurer l'écoulement pendant les jours d'orage.

Grâce à ces précautions, l'intérieur de l'édifice avec les personnes qui s'y trouveront abritées, sera absolument assuré contre tout accident pouvant provenir des coups qui frapperont infailliblement les parois de la Tour à différentes hauteurs.

Pour réaliser la non-isolation de la Tour dans les meilleures conditions, on noiera dans la couche aquifère qui se rencontre à 7 mètres environ au-dessus du niveau moyen du sol actuel du Champ-de-Mars deux lignes de tuyaux de fonte de fer parallèles à deux faces opposées du soubassement de la Tour. Chacune de ces lignes de tuyaux aurait ainsi une longueur de 124 mètres, égale à la largeur d'embasement de la Tour, ouverture comprise. Les tuyaux employés pourront utilement avoir un diamètre de $0^m,60$; ils seront du genre de ceux que l'on emploie pour les conduites du gaz. Chacune de ces lignes de tuyaux sera mise en communication avec les parties métalliques basses de la Tour, au moyen de câbles, de barres, ou de lames de cuivre à grandes sections. Ces conducteurs émergeront du sol par des puits maçonnés de 1 mètre de diamètre au moins, et chemineront, à découvert, le long de la maçonnerie des socles de la Tour jusqu'aux pièces métalliques auxquelles ils se souderont, en s'épanouissant de façon à multiplier les points de contact. Les puits permettront d'aller constater fréquemment l'état des soudures et des attaches de conducteurs de cuivre avec les tuyaux.

Quant à l'extérieur de l'édifice, il s'agira de protéger spécialement toutes les parties où le public pourra séjourner à l'air libre ; ces parties sont les balcons qui régneront probablement autour de la Tour, aux trois étages indiqués par son dessin d'élévation.

On obtiendra la protection nécessaire en plaçant d'abord des paratonnerres obliques à pointes, de bonnes longueurs, à chacun des quatre angles de chaque balcon. Ensuite on disposera le long des faces de ces balcons une série de paratonnerres à pointes ou d'aigrettes de dimensions appropriées et convenablement espacées.

On pourra mettre également au sommet de l'édicule culminant de la Tour un paratonnerre vertical à pointe, de hauteur modérée.

Il sera nécessaire que les travaux destinés à assurer la non-isolation de la Tour soient entamés en même temps que ceux de fondation des socles, pour préserver les ouvriers de tous accidents de coup de foudre, une fois que la construction aura atteint une certaine hauteur (1).

Paris, le 24 juin 1886.

Signé :

GEORGES BERGER, MASCART, ED. BECQUEREL.

(1) Toutes les précautions prescrites dans le rapport de MM. *Georges Berger, Mascart et Ed. Becquerel* ont été prises lors de la construction de la Tour de 300 mètres.

ANNEXE B

28 mars 1888.

Rapport présenté par M. Contamin, Ingénieur en chef du contrôle des constructions métalliques à l'Exposition de 1889, en date du 28 mars 1888.

La Commission officielle a pu juger, le 3 mai dernier, au moment de sa visite aux travaux en cours pour établir les fondations de cette immense construction, combien, au point de vue des dispositions adoptées, de la qualité des matériaux employés, du fini du travail et de la direction générale de l'entreprise, on pouvait rendre hommage aux efforts développés par M. Eiffel pour établir un bon système de fondations.

Nous sommes heureux de pouvoir déclarer que les mêmes éloges peuvent être adressés à cet éminent Ingénieur, pour la manière dont il a continué, depuis, à conduire ses travaux.

Les fouilles et travaux de maçonnerie, commencés dans les derniers jours du mois de Janvier 1887, ont été terminés à la fin du mois de Juin de la même année.

Cinq mois ont suffi pour remuer 48,000 mètres cubes de

terre et pour construire 14,000 mètres cubes de maçonnerie.

Aujourd'hui la grosse maçonnerie supportant la Tour est construite, et il en est de même des travaux de fouille et de pose des grosses conduites en fonte noyées dans l'eau pour servir de conducteur a l'électricité atmosphérique, conformément aux conclusions du rapport de la Commission d'électricité, en date du 24 Juin 1886.

La partie métallique actuellement construite diffère, par plusieurs points, des dispositions prévues au projet qui vous a été présenté.

M. Eiffel a tenu compte, tout d'abord, dans les études soumises pour exécution à la Direction des travaux, des modifications demandées dans votre rapport, en date du 12 juin 1886, puis il a modifié, en les améliorant, les dispositions projetées pour l'établissement des planchers et galeries du 1er étage.

M. Eiffel a réuni les arbalétriers deux à deux, non seulement dans la partie du second étage, mais aussi sur la hauteur du panneau situé au-dessous de cet étage ; il a porté la section uniforme des membrures dans la partie du premier étage, de 188.800 millimètres par arbalétrier à 208,096 millimètres pour les panneaux 10 et 11, et 220,096 millimètres pour le panneau 12, sensiblement renforcé les assemblages des barres inclinées aux membrures, coupé les arbalétriers à la base normalement à leur axe moyen et dégagé les arbalétriers dans la hauteur du rez-de-chaussée de l'archivolte de la voûte.

M. Eiffel a fait plus : pour faciliter son montage et ne

pas avoir à se préoccuper de tassements possibles dans les fondations, il a, de lui-même et sans y être invité, disposé l'appui des arbalétriers sur les culées de manière à pouvoir intercaler entre la base des membrures et le sabot des vérins hydrauliques permettant à tout instant du montage et pendant la période d'exploitation, de remédier aux tassements qui pourraient se produire.

Il a porté, à cet effet, le poids prévu pour les appuis de 80,000 kilogr. à 133,337 kilogr.

Pour mieux assembler le plancher aux membrures et augmenter les propriétés résistantes de ce dernier aux efforts de compression considérables que les arbalétriers exercent sur lui, pendant et après la période de construction, il a remplacé les trois poutres verticales qui, dans le projet primitif, réunissaient les arbalétriers à la hauteur de ce plancher, par deux grandes poutres doubles superposées ayant leurs âmes dans les prolongements des faces des membrures. Cette disposition, qui ne peut être adoptée qu'à la condition d'avoir les faces supérieures de ces poutres dirigées suivant un plan horizontal, conduit à assembler les plates-bandes composant ces faces aux âmes inclinées des poutres par des cornières à face elles-mêmes inclinées et, par suite, d'un prix d'achat très sensiblement supérieur à celui des cornières droites, mais elle présente, par contre, le très grand avantage de placer les âmes de ces poutres dans le sens des efforts de compression auxquels elles ont à résister et à transmettre ces efforts aux arbalétriers suivant des pièces elles-mêmes dirigées dans le sens de ces efforts. Un contreventement extrêmement puissant entre ces poutres, étudié de manière à reculer le plus possible la limite produisant la flexion latérale, assure enfin à cette partie de la construction une rigidité et une stabilité qu'étaient loin de présenter les dispositions soumises tout d'abord à la Commission.

Un dernier changement enfin a été apporté à la disposition du 1er étage : il a consisté à placer le plancher de la galerie des tribunes en encorbellement sur les pourtours de cet étage, à niveau inférieur à celui des galeries, à supporter ces tribunes par des consoles ayant la hauteur des poutres supérieures, et à les réunir entre elles par un voile plein en tôle.

En résumé, les quatre piles sont arrivées aujourd'hui à la hauteur de 60 mètres, niveau du plancher des salles du 1er étage; elles sont entretoisées deux par deux, depuis la cote (46) jusqu'à celle de (60) par un système de quatre grandes poutres constituées chacune par deux flasques en poutre à treillis, affleurant les parties extérieure et inférieure de chaque arêtier, et réunies entre elles par des treillis et par des contreventements supérieurs et inférieurs qui se poursuivent dans l'intérieur des piles. Ces poutres supportent les fers à té réunis par des poteries creuses constituant le plancher du 1er étage, mais elles ne supportent encore ni la galerie, ni les tribunes en encorbellement.

Ces piles enfin sont garnies de leurs escaliers et soutiennent les ossatures métalliques des monte-charges, mais elles ne sont pas encore réunies par les grands arcs, qui ne sont qu'amorcés et dont la construction se poursuit dans les ateliers de M. Eiffel, à Levallois-Perret.

Dans le métré remis à la Commission, le poids des fers et fontes entrant dans la composition de la portion de la Tour comprise entre les fondations et le 1er étage, était ainsi composé, en y comprenant ce 1er étage :

Planchers et charpentes du 1er étage :

Poutres, poutrelles, ceinture............	668.736 kilogr.	⎫ 1.000.000 kilogr.
Garde-corps................	41.920 —	⎬
Toiture,................	195.344 —	⎭
Faces vitrées...............	96.000 —	
Ossature de la 1re partie. .	1.313.000 —	⎫
Appuis....................	80.000 —	⎬ 1.712.800 —
Amarrages...............	106.000 —	⎭
Ascenseurs-escaliers	212.800 —	
Arcs décoratifs................		850.000 —
Soit............		3.562.800 kilogr.

Si de ce poids on retranche le garde-corps, la toiture, les faces vitrées, les consoles et les arts décoratifs, on trouve, pour tonnage prévu des fers représentant la construction arrivée à l'état d'avancement qui existe aujourd'hui :

$$3.562.800 \text{ kilogr.} - (850.000 + \overbrace{331.264 + 40.000}^{1.221.264}) = 2.341.536 \text{ kilogr.}$$

Le poids des pièces amenées au Champ-de-Mars et mises en place à ce jour étant de 2.924.477 kilogr., on reconnaît que près de 600 tonnes de fers ont été employées par M. Eiffel à améliorer les dispositions tout d'abord prévues.

L'examen que vous allez faire des travaux vous permettra de constater les soins apportés à leur exécution ; vous reconnaîtrez que la rivure est parfaite, que les coupes sont rigoureusement conformes aux tracés et que l'ajustage des pièces ne laisse rien à désirer.

Les essais faits sur les cornières et fers plats ont constaté, d'autre part, des résistances moyennes à la rupture de plus de 37 kilogr. avec allongement de 8%. Les cahiers des charges des Compagnies se contentent en général de 34 kilogr. avec 6% d'allongement.

Il y a donc lieu d'allouer à M. Eiffel l'indemnité de 500,000 francs, prévue à la convention.

Le montage de la partie que nous allons examiner a présenté des difficultés considérables ; elles ont été surmontées avec le plus grand succès ; celles qu'il reste à vaincre le seront de même sans aucune difficulté.

M. Eiffel atteindra le 2me étage le 1er juillet 1888.

Le reste sera donc terminé, bien certainement, vers la fin de l'année.

Pour copie conforme :

*L'Ingénieur en chef du Contrôle
des constructions métalliques,*

Signé :

V. CONTAMIN.

ANNEXE C

15 septembre 1888.

Rapport présenté par M. Contamin, ingénieur en chef du contrôle des constructions métalliques de l'Exposition de 1889, en date du 15 septembre 1888.

Messieurs,

L'article 6 de la convention stipulant que :

« M. Eiffel restera pour l'exécution des travaux sous la
» direction des ingénieurs de l'Exposition et le contrôle de
» la Commission spéciale instituée le 12 Mai 1886. Nous
» avons continué, comme par le passé, à suivre le travail
» à l'atelier et celui exécuté sur place et vérifié, par des
» essais nombreux, la qualité des matériaux employés à
» cette construction. »

Les essais faits sur les fers ont démontré que la qualité des matières continuait à être satisfaisante et en rapport avec les efforts moléculaires qui se développent dans les différentes parties de la construction.

La surveillance exercée sur le travail n'a fait que confirmer la bonne impression que nous avo s été heureux de transmettre à la Commission dans notre dernier rapport.

Les assemblages sont parfaits, la rivure est excellente, le travail, en un mot, est conduit dans des conditions qui font le plus grand honneur à M. Eiffel et nous inspirent la plus grande confiance dans le succès final de l'œuvre.

Nous croyons, en conséquence, devoir proposer à la Commission de bien vouloir donner une suite favorable à la demande qui nous est adressée par M. Eiffel. (Versement du 2me à-compte de 500,000 francs.)

L'Ingénieur en chef du contrôle
des constructions métalliques,

Signé :
CONTAMIN.

TABLE DES MATIÈRES

EMILE COLIN. — IMPRIMERIE DE LAGNY

14 JANVIER 88 N° 29